跟张天孝爷爷学数学

张天孝 孙维佳 编著

浙江科学技术出版社

图书在版编目 (CIP) 数据

跟张天孝爷爷学数学 . 1B / 张天孝，孙维佳编著 . -- 杭州 : 浙江科学技术出版社 , 2020.3（2022.2 重印）

ISBN 978-7-5341-8941-8

Ⅰ . ①跟… Ⅱ . ①张…　②孙… Ⅲ . ①数学—儿童读物 Ⅳ . ① 01-49

中国版本图书馆 CIP 数据核字（2019）第 296923 号

书　　名　跟张天孝爷爷学数学　1B
编　　著　张天孝　孙维佳

出版发行　浙江科学技术出版社
　　　　　网址：www.zkpress.com
　　　　　杭州市体育场路 347 号
　　　　　邮政编码：310006
　　　　　销售部电话：0571-85062597
　　　　　编辑部电话：0571-85152719
　　　　　E－mail：zkpress@zkpress.com
排　　版　杭州万方图书有限公司
印　　刷　浙江新华印刷技术有限公司
经　　销　全国各地新华书店

开　　本　787 × 1092　1/16　　印　　张　10.25
字　　数　157 440
版　　次　2020 年 3 月第 1 版　2022 年 2 月第 2 次印刷
书　　号　ISBN 978-7-5341-8941-8　定　　价　40.00 元

责任编辑　施超雄　　责任美编　金　晖
责任校对　张　宁　　责任印务　叶文炀

目　录

四、图形和几何

卷首语
(juàn shǒu yǔ)

学数学 增智慧
(xué shù xué zēng zhì huì)

悟道理 长见识
(wù dào lǐ zhǎng jiàn shi)

勤动脑 多思考
(qín dòng nǎo duō sī kǎo)

新思维 促创造
(xīn sī wéi cù chuàng zào)

一、20以内数的运算

【1】

退位减法

1 13个鸡蛋，取走4个，还剩几个？取走5个，还剩几个？

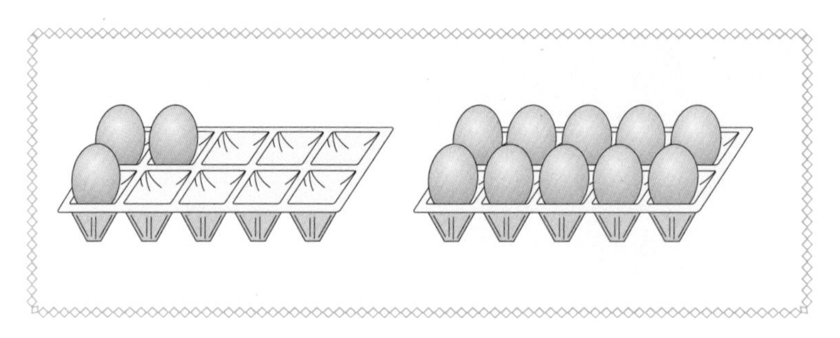

（1）

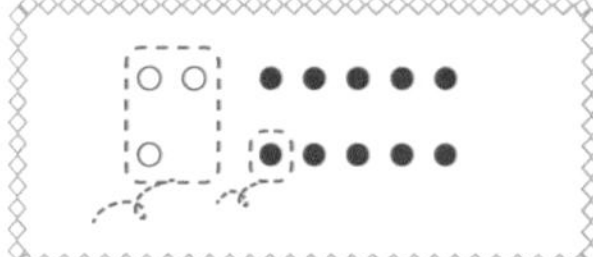

$13-4=\square$

拆分：4 → 3 和 1

$13-3-1=9$

$13-5=\square$

拆分：5 → 3 和 2

$13-3-2=8$

（2）

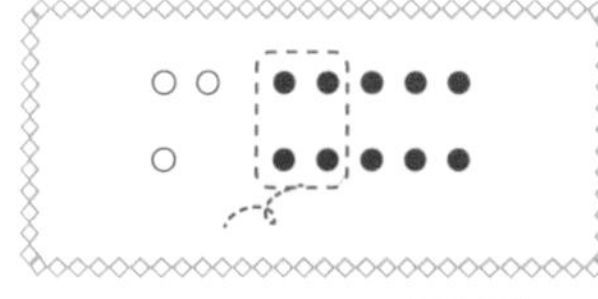

$13-4=\square$

拆分：13 → 3 和 10；10 与 4 得 6

4的补十数是6

$13-10+6$

$=3+6$

$=9$

$13-5=\square$

拆分：13 → 3 和 10；10 与 5 得 5

5的补十数是5

$13-10+5$

$=3+5$

$=8$

学习指导要点与部分参考答案

一、20以内数的运算

【1】退位减法（P2—4）

第1题，从具体的情境中抽象出数学表达式。从13个鸡蛋中取走“4个”“5个”“6个”这一情境的数学表达式：13−4，13−5，13−6。

通过“取鸡蛋”的活动，让孩子体验、探索计算方法。一种是先取走零散的3个，再从蛋筐（一筐10个鸡蛋）里取走1个（2个），还剩下9个（8个），13−3−1=9，13−3−2=8。

这种方法称为“平十法”：

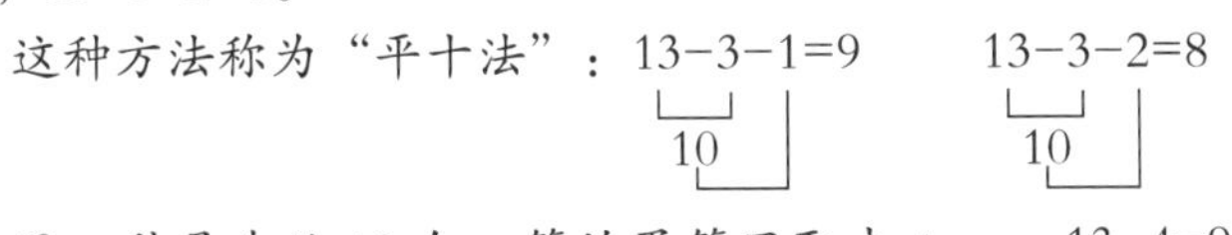

另一种是先从10个一筐的蛋筐里取走4个（5个），把蛋筐里剩下的6个（5个）与零散的3个合起来就是还剩的。

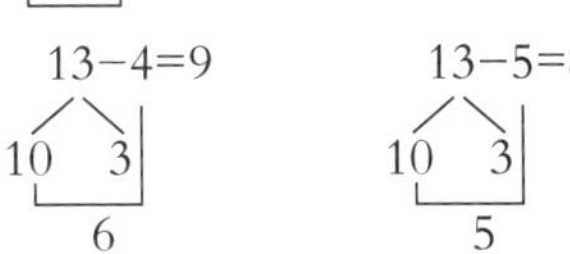

先从十位退一、再将被减数的个位加上减数的补十数，即退一加补。13−4=3+6, 13−5=5+3。

第2题，

10−6	10−7	10−8	10−9
↓	↓	↓	↓
15−6=5+4	15−7=5+3	15−8=5+2	15−9=5+1
=9	=8	=7	=6

第3题，让孩子说一说12−7的计算方法：从左边10个正方形中抽出7个，还余下3个，右边2个正方形与左面余下的3个正方形合起来是5。

12−7=5（3）　　14−8=6（2）

第4题，

12−3=2+7	12−4=2+6	12−5=2+5	11−6=1+4	11−8=1+2
= 9	= 8	= 7	= 5	= 3
11−3=1+7	16−7=6+3	16−9=6+1	17−9=7+1	
= 8	= 9	= 7	= 8	

第5题，题组训练。引导孩子比较每组算式之间的关系，表述发现的规律。

13−6=7	13−6=7	13−6=7
+1↓ ↓−1	+2↓ ↓−2	+3↓ ↓−3
13−7=6	13−8=5	13−9=4

被减数相同，减数增加几，差就减少几。

12−8=4	12−8=4	12−8=4
+1↓ ↓+1	+2↓ ↓+2	+3↓ ↓+3
13−8=5	14−8=6	15−8=7

减数相同，被减数增加几，差也就增加几。

14−9=5	14−9=5	14−9=5
−1↓ ↓−1	−2↓ ↓−2	−3↓ ↓−3
13−8=5	12−7=5	11−6=5

被减数与减数都减少相同的数，差不变。

【2】加与减（一）（P5—7）

第 1 题，减法是加法的逆运算，以加法的运算为基础，建立加法与减法的联系，就可以用加法来计算减法，这不仅可以丰富解决问题的思路，而且对培养孩子的代数思维也是有益的。

（1）根据问题情境，表述为："一堆有 5 个桃子，袋子里也有一些桃子，合起来是 12 个，袋子里有几个桃子？""一共有 12 个桃子，其中一堆有 5 个，袋子里有几个？"把两种表述的语言直译成算式，前者是 5+□=12，后者是 12−5=□，5 加几等于 12，就是 12 减 5 等于几。进行想加做减的训练。

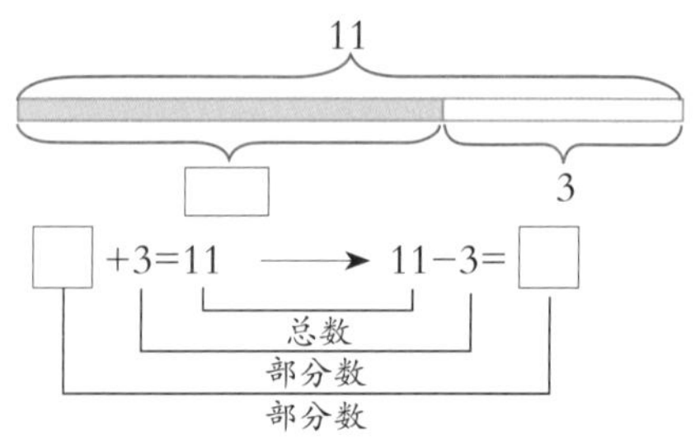

（2）引导孩子观察，分析数量关系，总本数是 11，已知一个部分是 3，求另一部分。

因为 8 +3=11，所以 11−3=8。

已知总数与一个部分数，求另一个部分数用减法。

4+ 8 =12 → 12− 4 = 8　　6+ 7 =13 → 13− 6 = 7

8+ 8 =16 → 16− 8 = 8　　7+ 7 =14 → 14− 7 = 7

第 2 题，

5+ 7 =12　12−5=7

6+ 8 =14　14−6=8

8 + 9 =17　17−8=9

引导孩子观察坐标纵轴的刻度，再比较两条柱状的长短来填数。

7　7+ 8　　15　15− 8

第 3 题，12−5=7　13−6=7　14−9=5　15−8=7

12−8=4　13−8=5　12−9=3　13−9=4

第 4 题，花蕊上的数是计算结果，即分别写出差是 9，7 的算式。

13−4=9，15−6=9，16−7=9，17−8=9　15−8=7，12−5=7，13−6=7，11−4=7

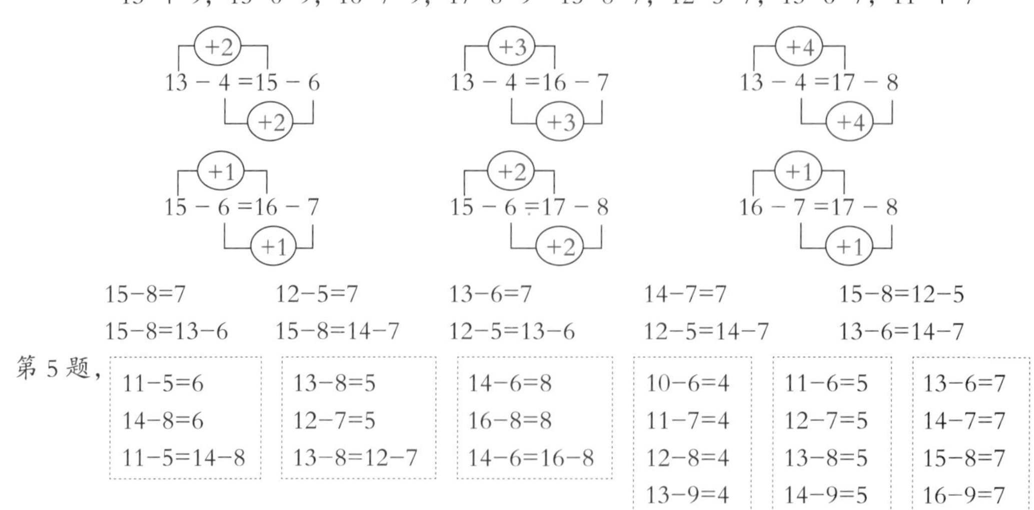

15−8=7　12−5=7　13−6=7　14−7=7　15−8=12−5

15−8=13−6　15−8=14−7　12−5=13−6　12−5=14−7　13−6=14−7

第 5 题，

11−5=6	13−8=5	14−6=8	10−6=4	11−6=5	13−6=7
14−8=6	12−7=5	16−8=8	11−7=4	12−7=5	14−7=7
11−5=14−8	13−8=12−7	14−6=16−8	12−8=4	13−8=5	15−8=7
			13−9=4	14−9=5	16−9=7

第 6 题，图形表示数，把数的计算和式的运算相结合，根据加减法的关系，进行式的变形训练。

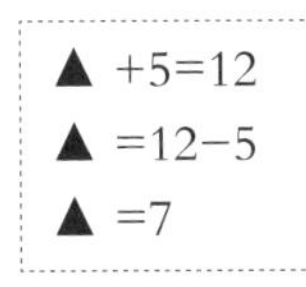

▲ +5=12
▲ =12−5
▲ =7

● + 7 =13
● =13−7
● =6

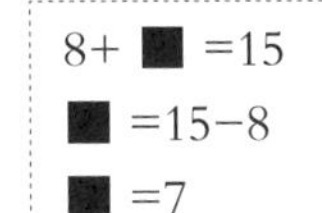

8+ ■ =15
■ =15−8
■ =7

已知一个加数与和，求另一个加数，加数 = 和 − 加数。

12− ♠ =7
♠ =12−7
♠ =5

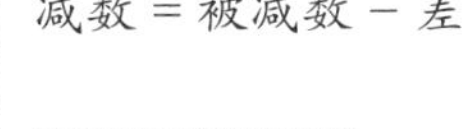

已知被减数与差，求减数，减数 = 被减数 − 差。

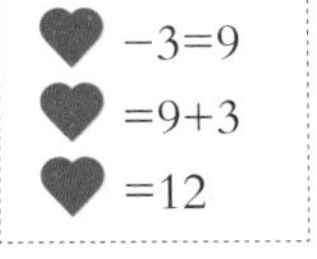

♥ −3=9
♥ =9+3
♥ =12

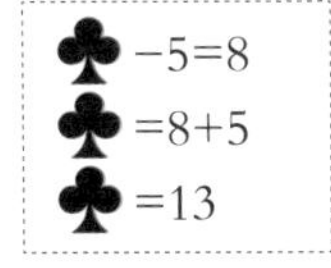

♣ −5=8
♣ =8+5
♣ =13

已知减数与差，求被减数，被减数 = 差 + 减数。

第 7 题，10 减几与 20 减几的对照训练。

10−2=8	8+2=10	10−7=3	3+7=10
20−2=18	18+2=20	20−7=13	13+7=20

挑战台，利用方格图做加法与减法，填第一行第一列的数用减法。

13−6=7
12−8=4
11−5=6

+	6	4	5
7	13		
8		12	
6			11

7+4=11　　7+5=12
8+6=14　　8+5=13
6+6=12　　6+4=10

12−7=5
15−6=9
14−6=8
13−5=8
16−9=7

+	7	8	7	6
5	12	13		
9			16	15
6		14		

5+7=12　　5+6=11
9+7=16　　9+8=17
6+7=13　　6+7=13
6+6=12

【3】加与减（二）（P8—10）

第 1 题，

11−4=7	12−3=9
12−5=7	13−4=9
13−6=7	14−5=9
14−7=7	15−6=9
15−8=7	16−7=9
16−9=7	17−8=9

第 2 题，引导孩子有序地思考，先从选两个数开始：1+7=8，2+6=8，10−2=8，12−4=8，15−7=8。再选三个数，可以是连加：1+3+4=8；连减：13−1−4=8，15−1−6=8，15−3−4=8；加减混合：15−10+3，15−13+6，13−7+2，13−6+1，12−10+6，12−7+3，12−6+2，10−6+4，10−4+2，7−3+4，7−2+3，6−2+4，6−1+3 等。

第 3 题，

12−4=10−2	9+4=8+5
12−4=11−3	9+4=7+6
12−4=13−5	9+4=6+7
12−4=14−6	9+4=17−4
12−4=15−7	9+4=20−7
12−4=16−8	

第 4 题，12−2=10，10 折半是 5，● =5，12−2=5+5；

11−5=6，6 折半是 3，▲ =3，11−5=3+3；

17−3= ◇ + ◇，14= ◇ + ◇，◇ =7；

15−3= ☆ + ☆，12= ☆ + ☆，☆ =6；

18−2= ♠ + ♠，16= ♠ + ♠，♠ =8；

20−2= ♥ + ♥，18= ♥ + ♥，♥ =9。

第 5 题，

5=12−7	6=11−5
5=13−8	6=13−7
5=14−9	6=15−9
5=15−10	6=20−14
5=7+5−7	6=9+7−10
5=13−9+1	6=6+6−6
12−7=13−8	11−5=13−7
14−9=15−10	15−9=20−14

第 6 题，

11−5=12−6	15−7=11−3
11−5=13−7	15−7=12−4
11−5=14−8	15−7=13−5
11−5=15−9	15−7=14−6

第 7 题，12+8−5=15　　15−9+7=13　　13−7+6=12　　11+9−8=12

第 8 题，用字母代替图形。

（1）$3+a=b$ ……①

$b+a+a=18$ ……②

①式代入②式，得：

$3+a+a+a=18$

$a+a+a=18-3$　　$a=5$

$b=5+3$　　$b=8$

（2）$a-7=b$ ……①

$b+5=13$ ……②

①式代入②式，得：

$a-7+5=13$

$a=13+7-5$　　$a=15$

$b=15-7$　　$b=8$

（3）$12-a-a=a$ ……①

$b+b+a=20$ ……②

$a+b-5=c$ ……③

$12-a-a=a$　　$12=a+a+a$　　$a=4$

$b+b+4=20$　　$b+b=20-4$　　$b=8$

$4+8-5=c$　　$c=7$

（4）$20-a-a=4$ ……①

$18-b-b=b$ ……②

$a+b=c+c$ ……③

$20-4=a+a$　　$a=8$

$18=b+b+b$　　$b=6$

8+6=c+c　　　c=7

挑战台，12−1=11, 12−2=10, 12−3=9, 可以从 11，10，9 这三个数的组成考虑。

11	10	9
2+9	1+9	1+8
3+8	2+8	2+7
4+7	3+7	3+6
5+6	4+6	4+5

12−[2]−[9]=1	12−[3]−[8]=1	12−[4]−[7]=1
12−[3]−[7]=2	12−[1]−[9]=2	12−[2]−[8]=2
12−[1]−[8]=3	12−[2]−[7]=3	12−[3]−[6]=3
12−[4]−[6]=2	12−[4]−[6]=2	12−[1]−[9]=2

【4】加减练习（P11—13）

第 1 题，（1）

15	−	9	=	6
−		−		+
7	+	2	=	9
‖		‖		‖
8	+	7	=	15

（2）

6	+	7	=	13
+		+		−
9	−	2	=	7
‖		‖		‖
15	−	9	=	6

（3）

17	−	8	=	9
−		+		+
8	+	2	=	10
‖		‖		‖
9	+	10	=	19

（4）

15	−	7	=	8
+		−		+
5	+	1	=	6
‖		‖		‖
20	−	6	=	14

（5）

16	−	7	=	9
−		+		+
9	−	2	=	7
‖		‖		‖
7	+	9	=	16

（6）

13	−	8	=	5
+		−		+
4	+	5	=	9
‖		‖		‖
17	−	3	=	14

第 2 题，9−3−3=3　　12−4−4=4　　18−6−6=6　　15−5−5=5

第 3 题，在五个数里选定三个数构成一个算式，如“5，8，7，12，13”。可以选“5，7，12”，构成 5+7=12，再通过变换得到 12−5=7，12−7=5；也可以选“5，8，13”，构成 5+8=13，13−5=8，13−8=5。

7+9=16	3+8=11	6+8=14
16−7=9	11−3=8	14−6=8
16−9=7	11−8=3	14−8=6

第 4 题，

（1）	（2）	（3）	（4）
12−5=7	15−9=6	13−7=6	14−6=8
13−6=7	14−8=6	15−9=6	11−3=8
12−5=13−6	15−9=14−8	13−7=15−9	14−6=11−3

第 5 题，11−3=12−4　11−3=13−5　11−3=14−6　11−3=15−7　11−3=16−8
11−3=17−9　12−4=13−5　12−4=14−6　12−4=15−7　12−4=16−8
12−4=17−9　13−5=14−6　13−5=15−7　13−5=16−8　13−5=17−9
14−6=15−7　14−6=16−8　14−6=17−9　15−7=16−8　15−7=17−9
16−8=17−9

第 6 题，用字母表示图形。

（1）$a-7=b$　$b-5=8$　　$b=8+5$　$a=13+7$　　$b=13$　$a=20$

（2）$a-b=b$　$5+b=12$　　$b=12-5$　$a=7+7$　　$b=7$　$a=14$

（3）$a+5=12$，$a-5=2$　$a=12-5$　$a=7$
（4）$9+a=15$，$9-a=3$　$a=15-9$　$a=6$
（5）$a+b=11$，$a-b=7$　$a+a=11+7$　$a=9$　$b+b=11-7$　$b=2$
（6）$a+b=14$，$a-b=6$　$a+a=14+6$　$a=10$　$b+b=14-6$　$b=4$

挑战台，$a-5=b+3$　$a-b=5+3$　$a=b+5+3$　$b=a-5-3$

$14-5=b+3$　$b=14-5-3$　$b=6$

$12-5=b+3$　$b=12-5-3$　$b=4$

$a-5=4+3$　$a=4+5+3$　$a=12$

$a-5=7+3$　$a=7+5+3$　$a=15$

【5】同数连加与乘法（P14—16）

第 1 题，引导孩子写出连加算式，区分相同的数相加与不同的数相加。

相同的数相加：5+5+5，3+3+3，6+6+6。

不同的数相加：5+2+2，3+1+2，3+5+6。

第 2 题，研究同数连加算式，配合图示引导孩子构建“相同加数”与“相同加数个数”的观念，引出求几个相同加数的和可以用乘法计算。将乘法算式的读法和各个部分的名称与乘法算式对照。乘式中的“×”读作“乘”而不读作“乘以”。

第 3 题，让孩子从不同的角度观察，横看每行 6 个，有 3 行，3 个 6；竖看每列 3 个，有 6 列，6 个 3。3 个 6 是 6 个 6 个数，数 3 次；6 个 3 是 3 个 3 个数，数 6 次。意思虽然不同，但计算结果相同，使孩子感受到乘数的顺序不同并不影响结果。

乘法表示两个集合“一”与“多”的恒定关系，但这个“一”不是指 1 个的“一”而是 1 份的“一”。3 个 6，1 份是 6，3 份是 18；6 个 3，1 份是 3，6 份是 18。

第 4 题，通过矩阵的观察和分析，使孩子感受到两个数相乘，交换乘数的位置，积不变。

挑战台，以几何直观表示积相等，也有人称之为“数墙”。用一个长方形表示 12，这个长方形可以分割成 2 个较小的长方形，每个表示 6；还可以分割成 4 个更小的长方形，每个表示 3，2 个 6 是 12，4 个 3 是 12。6×2，3×4 两个乘式可以用“=”连接，6×2=3×4 表示两边的式子相等。再看其他几个“数墙”，10×2=5×4，4×3=2×6，4×5=2×10，积相等的关系就是反比例关系。

【6】平均分与除法（P17—19）

第 1 题，8 个梨分成 2 份，每份不一样多：8−2−6=0，8−3−5=0；每份一样多：8−2−2−2−2=0，8−4−4=0。

一堆物品平均分成几份，每份一样多叫平均分。平均分可以理解为连续减去相同数的过程，如果减的结果是 0，正好是平均分完。用除法计算平均分的结果。

第 2 题，6 里面有几个 3？ 6=3×□，6÷3=2。12 里有几个 6？ 12=6×□，12÷6=2。

第 4 题，12÷2=6，把 12 平均分成 2 份，每份是 6。

10÷2=5，把 10 平均分成 2 份，每份是 5。

第 5 题，12÷3=4，把 12 平均分成 3 份，每份是 4。

12÷4=3，把 12 平均分成 4 份，每份是 3。

第 6 题，（1）把 12 个桃子平均分，每次取 3 个，4 次取完，这是划分的过程，实际上就是把 12 按 3 个分成 1 份，平均分成 4 份，12 里含 4 个 3，即包含除的意义。

（2）12个梨是怎样平均分的？学习材料呈现的是每次取4个，平均分成3份，取3次分完的分配过程12−4−4−4=0，12÷4=3，实际上就是把12平均分成4份，每份是3，即等分除的含义。

【7】认识倍（P20—22）

第1题，从3的翻倍是6，4的翻倍是8，引出一个数的翻倍就是原数的2倍。

第2题，把2个球看作1份，2个篮球是1份，6个足球是3份，足球的数量是篮球的3倍，2的3倍是6，6是2的3倍，从1份数与几份数的关系中认识“倍”。

第3，4题，借助直观图，建立几个几与几倍的联系，4个5也就是5的4倍，1份是5，4份是5×4=20。

第5题，数是数量的抽象，“倍”也可以用来描述两个数之间的关系。借助“数墙”图的几何直观，引导孩子分析数与数之间的关系。把12是6的2倍与12里面包含2个6联系起来，把6的2倍是12与2个6是12对应起来。

第6题，两个同类量的比较，既有两个不等量的差比关系。也有两个不等量之间的倍比关系。倍比关系有较大的数量、较小的数量与几倍三个数量。它们的关系是较小的数量 × 几倍 = 较大的数量，较大的数量 ÷ 较小的数量 = 几倍。

（1）“钢笔4支”是较小的数量，“圆珠笔支数”是较大的数量，把“钢笔4支”看作1份，圆珠笔是3份，4×3=12（支）。

（2）“毛笔3支”是较小数量，“圆珠笔12支”是较大数量，3与12比，把3看作1份数量，12里面有4个3，12÷3=4（倍）。

第7题，引导孩子分清哪两个数量比，哪个数量是1份数，哪个数量是几份数。

（1）“客车4辆”是较小数量，看作1份，“轿车8辆”是较大数量，4×□=8，8÷4=2，轿车的数量是客车数量的2倍。

（2）“5头牛”是较小数量，看作1份，15头猪是较大数量，5×□=15，15÷5=3，猪的头数是牛的头数的3倍。

挑战台，通过摆一摆、说一说，丰富“倍”的表象，巩固倍的认识。练习时要通过操作形成“倍”的图像，让孩子看图说话，强调孩子的数学表达，引导孩子用数学语言有理有据地说明问题的本质。圆的个数是正方形的3倍，说明把正方形个数4看作1份，圆要摆这样的3份，也就是圆要摆4个3，3×4=12（个）。如果增加2个正方形，则图像就变成6个1份，12个圆6个1份，分成了2份，12÷6=2，圆的个数是正方形的2倍。

【8】2的乘法口诀（P23—25）

乘法口诀是乘法算式的简练概括，记住乘法口诀有利于提高运算效率，但是乘法口诀的学习不能只强调背诵与记忆，而要重视推导能力与学习能力的培养。

第1题，计算1辆自行车轮子个数的算式是2×1=2，概括成口诀就是“一二02”，计算2辆自行车轮子个数的算式是2×2=4，概括成口诀是“二二04”。两个相乘的用汉字表示，乘得的积用阿拉伯数字表示，如果积是个位数，如2×2=4，则口诀为“二二04”。

以图示直观为基础，把两个2×2=4的乘法算式组合起来，就得到一个新的算式2×4=8，口诀“二四08”。运用类似的方法，可以推导出2乘几口诀相关的其他算式，如两个算式“组合”在一起，推导出新的算式，这种算法的算理基础是乘法分配律，对于现阶段的孩子来说，可以借助乘法的意义来理解，如2×1=2表示1个2是2，2×2=4表示2个2是4，组合起来就是3个2是6，即2×3=6。

回到情景中来解释，就是 1 辆自行车有 2 个轮子，2 辆自行车有 4 个轮子，1 辆与 2 辆合起来是 3 辆，2 个轮子与 4 个轮子合起来是 6 个轮子。除此以外，还可以引导学生分析表格中轮子个数的变化规律，用以推论轮子的个数或验证计算是否正确。当学生这样去推理或验证的时候，已经开始运用变量的思想了。

第 2 题，一句口诀可以计算两个相关的算式，如二四 08，既可以计算 $2\times4=8$，也可以计算 4×2，这是由乘法的交换性决定的。口诀中“二”与“四”表示相乘的两个数，并没有被乘数、乘数的区分。

第 3 题，引导学生观察自行车辆数与轮子个数的对应表，编 2 的乘法口诀。

乘法口诀“二五 10”的学习，让学生经历归纳的过程，先借助直观图引出相关两个乘法算式 $2\times5=10$，$5\times2=10$，编出乘法口诀“二五 10”。

从“二二 04”“二三 06”“二四 08”“二五 10”找到相邻两句口诀的联系（积相差 2），再根据“二五 10”推出 $10+2=12$，“二六 12”；$12+2=14$，“二七 14”，进而编出其他口诀，发现 2 的乘法口诀的规律。

第 4 题，

1 —— 2
7 —— □

$2\times7=14$

1 —— 2
8 —— □

$2\times8=16$

第 5 题，一个数的翻倍，就是这个数乘 2，一个数的折半就是这个数除以 2。

第 6 题，用乘法口诀求商。

$16\div2=$ 8	二（八）16
$16\div8=2$	（二）八 16

$14\div2=$ 7	二（七）14
$14\div7=2$	（二）七 14

$18\div2=$ 9	二（九）18
$18\div9=2$	（二）九 18

挑战台，（1）差对应训练，✸表示的数是 7 个 3 的和，★表示的数是 7 个 5 的和，分别排列两行，上下相对应的两个数的差都是 2，所以可以用 2×7 求出✸、★所表示数的差。

（2）虽然上行不是相同数连加，下行也不是相同数连加，但是两行上、下所对应的两个数的差相等，都是 2，所以可以用 2×5 求出上行各数和与下行各数和的差。

【9】乘加、乘减（P26—28）

第 1 题，从几个几个数的活动中，使动作、语言与符号相对应，把操作活动转化为“乘加算式”。

2 个 2 个数，数 5 次，还余 1 个，$2\times5+1=11$；3 个 3 个数，数 3 次，还余 2 个，$3\times3+2=11$；4 个 4 个数，数 2 次，还余 3 个，$4\times2+3=11$；5 个 5 个数，数 2 次，还余 1 个，$5\times2+1=11$。

第 2 题，先说出图画的意思，再列式计算。

（1）两串鱼，每串 6 条，另外还有 4 条，一共多少条鱼？ $6\times2+4=16$（条）

（2）5 个 1 份，有 3 份，另外还有 2 个，一共有几个？ $5\times3+2=17$（个）

乘加式题先算乘法，再算加法，是乘法口诀与两位加一位结合的训练。

第 3 题，每个“正”字有 5 笔，用“正”字来统计得票数，最后可以用几个“正”字加上多余笔画数作为统计的结果。

王刚：$5+1=6$（票），张强：$5\times3+2=17$（票），

赵红：$5\times2+4=14$（票），李军：$5\times2+3=13$（票）。

第 4 题，通过圈点子的活动，在与乘加算式的比较中引出乘减算式。

13、17 都是素数，5 个 5 个数（圈）都会出现余数，可以让孩子选择圈几次，把圈的方法用算式表示出来。

（1）⑬

$5\times2+3=13$
$5\times3-2=13$
$3+2=5$

（2）⑰

$5\times3+2=17$
$5\times4-3=17$
$2+3=5$

引导孩子比较两种圈法的相同点与不同点，相同点每份圈的个数一样，不同点圈的次数（份数）不一样，圈后有剩余的用乘加式表达，圈后有剩余的也圈一次（1 份），与每份个数相比还差几个，用乘减式表达。乘加式中的余数与乘减式中的差数相加，正好是每份数。

第 5 题，看图列式计算，先说出图画的意思，每盘 5 个苹果，有 3 盘，还多 3 个，再计算 $5\times3+3=18$。

挑战台，（1）$5\times3+\boxed{4}=19$　$5\times4-\boxed{1}=19$　$5\times3=19-\boxed{4}$　$5\times4=19+\boxed{1}$

（2）$29=4\times7+1$　$29=5\times5+4$　$29=6\times4+5$　$31=5\times6+1$　$31=4\times7+3$
$=4\times8-3$　$=5\times6-1$　$=6\times5-1$　$=5\times7-4$　$=4\times8-1$

（3）$3\times\boxed{4}+2=14$　$5\times\boxed{3}+2=17$　$6\times\boxed{2}+4=16$
$3\times\boxed{5}-1=14$　$5\times\boxed{4}-3=17$　$6\times\boxed{3}-2=16$

二、数 21~50

【10】比 20 大的数（P29—31）

第 1 题，从 10 个 10 个数的计数活动中认识整十数，认数与计算相结合，几个 10 的连加与 10 乘几相对照。

第 2 题，在数线上填整十数。

0　$\boxed{10}$　$\boxed{20}$　30　$\boxed{40}$　50

第 4 题，一位数加减法与整十数加减法对照，如 $2+3=5$，2 个“一”与 3 个“一”合起来是 5 个“一”，$20+30=50$, 2 个“十”与 3 个“十”合起来是 5 个“十”。

第 5 题，在以十为单位计数的基础上借助图形形象列出两位数的组成，使孩子体验到两位数是由几个十和几个一组成的。

（1）

十位	个位
2	6

十位	个位
3	2

（2）$30+6=36$　$20+7=27$　$10\times3+6=36$　$10\times4+3=43$

（3）

十位	个位
2	9

十位	个位
4	5

十位	个位
3	6

第 7 题，10 的翻倍是 20，$10\times2=20$。　20 的翻倍是 40，$20\times2=40$。

第 8 题，$32>23$　$27<29$　$24<42$　$48>41$　$39>29$　$14<41$　$25<35<45$　$41<43<47$

挑战台，用 5 个点子表示不同的数。

十位	个位
	●●●●●

$\boxed{5}$

十位	个位
●	●●●●

$\boxed{14}$

十位	个位
●●	●●●

$\boxed{23}$

十位	个位
●●●	●●

$\boxed{32}$

十位	个位
●●●●	●

$\boxed{41}$

十位	个位
●●●●●	

$\boxed{50}$

【11】数的顺序（P32—34）

第 1 题，孩子学习 100 以内的数时，对几十九以后的两位数把握不住，借助图画，通过求比 29 多 1 的数、比 39 多 1 的数，突出对几十九多 1 的整十数的思考印象。

第 2 题，5 个 5 个数，在数线上填数。

5　10　15　20　25　30

第 3 题，从 27 起，2 个 2 个数，29，31，33，35，37，39，41

从 29 起，3 个 3 个数，32，35，38，41，44，47，50

第 4 题，在数线上填数。

（1）9，12，15，18，21，24，27，30，33，36，39，42

（2）4，8，12，16，20，24，28，32，36，40，44，48

第 5 题，（1）以 18 为首项，相邻数之间差为 4 的数列：18，22，26，30，34，38，42，46

（2）以 17 为首项，相邻数之间的差为 5 的数列：17，22，27，32，37，42，47，52

第 6 题，（1）画去 10，16。（2）画去 34。

第 7 题，（1）$41>35$　$26<31$　（2）$42<47$　$34<43$

第 8 题，个位上的数字是 2：$42>32>12$。个位上的数字是 5：$25<35<45$。

个位上的数字与十位上的数字合起来是 9:45，36，27，18。

第 9 题，43，42，34，32，24，23。

挑战台，引导孩子构建数列。

相邻数之间的差相等的

相差 2：24 $\xrightarrow{+2}$ 26 $\xrightarrow{+2}$ 28 $\xrightarrow{+2}$ 30 $\xrightarrow{+2}$ 32 $\xrightarrow{+2}$ 34 $\xrightarrow{+2}$ 36

相差 3：21 $\xrightarrow{+3}$ 24 $\xrightarrow{+3}$ 27 $\xrightarrow{+3}$ 30 $\xrightarrow{+3}$ 33 $\xrightarrow{+3}$ 36 $\xrightarrow{+3}$ 39

相差 5：15 $\xrightarrow{+5}$ 20 $\xrightarrow{+5}$ 25 $\xrightarrow{+5}$ 30 $\xrightarrow{+5}$ 35 $\xrightarrow{+5}$ 40 $\xrightarrow{+5}$ 45

相差 −1：33 $\xrightarrow{-1}$ 32 $\xrightarrow{-1}$ 31 $\xrightarrow{-1}$ 30 $\xrightarrow{-1}$ 29 $\xrightarrow{-1}$ 28 $\xrightarrow{-1}$ 27

相差 −4：42 $\xrightarrow{-4}$ 38 $\xrightarrow{-4}$ 34 $\xrightarrow{-4}$ 30 $\xrightarrow{-4}$ 26 $\xrightarrow{-4}$ 22 $\xrightarrow{-4}$ 18

相邻数之间的差不相等的

递增 2：21 $\xrightarrow{+1}$ 22 $\xrightarrow{+3}$ 25 $\xrightarrow{+5}$ 30 $\xrightarrow{+7}$ 37 $\xrightarrow{+9}$ 46 $\xrightarrow{+11}$ 57

18 $\xrightarrow{+2}$ 20 $\xrightarrow{+4}$ 24 $\xrightarrow{+6}$ 30 $\xrightarrow{+8}$ 38 $\xrightarrow{+10}$ 48 $\xrightarrow{+12}$ 60

递减 1：36 $\xrightarrow{-1}$ 35 $\xrightarrow{-2}$ 33 $\xrightarrow{-3}$ 30 $\xrightarrow{-4}$ 26 $\xrightarrow{-5}$ 21 $\xrightarrow{-6}$ 15

【12】几十几加几（P35—37）

第 1 题，个位相加不满十，几加几与几十几加几直加，24+5=29，35+3=38，32+6=38，42+5=47。

第 2 题，十几加几与几十几加几对照训练，引导孩子思考一个加数从十几变成几十几，另一个加数不变和是怎样变化的。

16 + 3 = 19	11 + 7 = 18	12 + 5 = 17
+10↓　　↓+10	+20↓　　↓+20	+20↓　　↓+20
26 + 3 = 29	31 + 7 = 38	30 + 5 = 37
+10↓　　↓+10	+20↓　　↓+20	+20↓　　↓+20
36 + 3 = 39	51 + 7 = 58	52 + 5 = 57

第 3 题，个位相加满 10，向十位进 1，让孩子在具体情境中计算，交流多样化的计算方法。

24+7=20+4+7
　=20+11
　=31

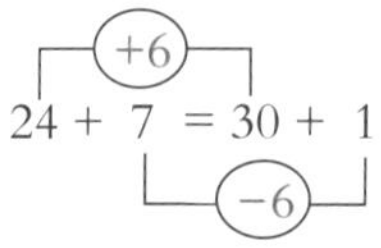

24 + 7 = 30 + 1（24 +6 → 30，7 −6 → 1）

24+7=24+10−3
　=34−3
　=31

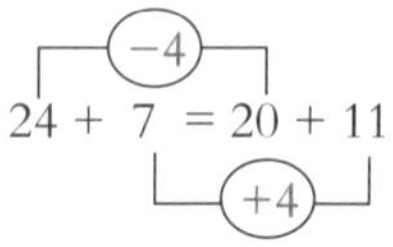

24 + 7 = 20 + 11（24 −4 → 20，7 +4 → 11）

第 4 题，重点说一说 35+7 与 5+7 的联系和区别，个位满 10，向十位进 1，5+7 满 10 了，向十位进 1，得 12，先写十位上的“1”，再写个位上的“2”；35+7，个位满 10 了，向十位进 1，十位原来有 3，进 1 以后，十位就变成“4”，得 42，先写十位上的“4”，再写个位上的“2”。对两位数加一位数而言，要先看再算，看个位相加是否满 10，满 10 了，先向十位进 1，不满 10 就直加。

第 5 题，先看后算，个位相加满 10，用“进一减补”算。

28+6=38−4　　27+6=37−4　　35+9=45−1　　25+9=35−1

=34　　=33　　=44　　=34

第 6 题，连加练习：前一题的答案是后一题算式的第一个加数，填数后可让孩子说一说 2 个 6 是几，2 个 7 是几，2 个 8 是几？如

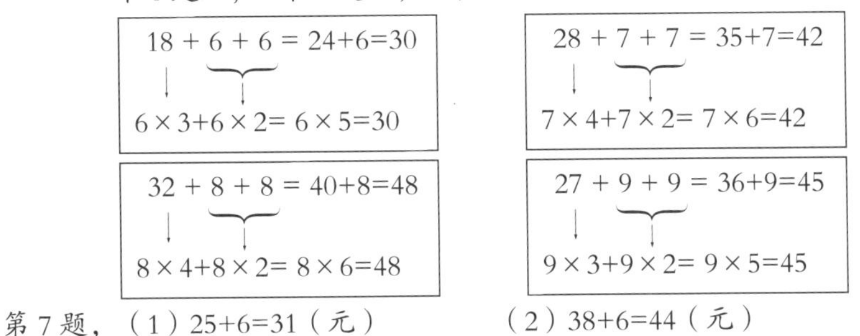

第 7 题，（1）25+6=31（元）　　（2）38+6=44（元）

第 8 题，分析数据特点，改变运算顺序或运算方式。

（1）两个加数能凑成整十

27+6+4，6 与 4 凑成 10，10+27=37　37+9+3，37 与 3 凑成 40，则 40+9=49

（2）同数连加

8+8+8，8×3=24　　9+9+9，9×3=27

（3）相邻加数差相等

8+9+10，9×3=27　　5+7+9，7×3=21

第 9 题，

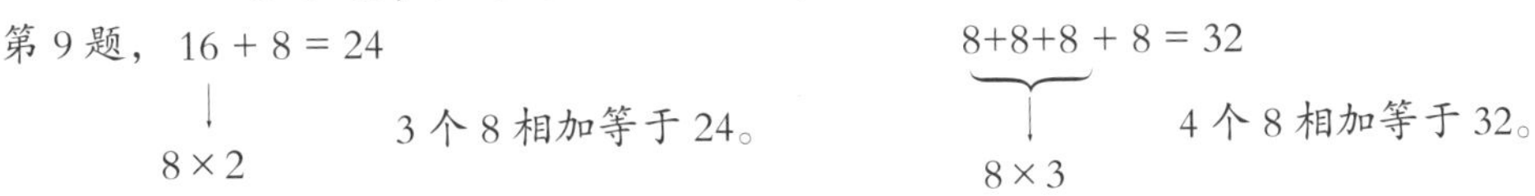

第 10 题，

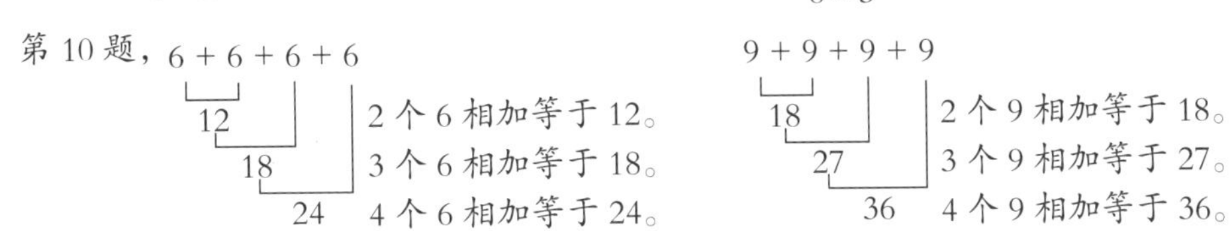

挑战台，引导孩子有序思考，写出符合条件的两位数。25+6，25+7，25+9，26+5，26+7，26+9，27+5，27+6，27+9，29+5，29+6，29+7，56+7，56+9，57+6，57+9，59+2，59+6，59+7，67+5，67+9，79+2，79+5，79+6，97+6，97+5，96+7，96+5，95+7，95+6，76+9，76+5，65+9，65+7 等。

【13】3 的乘法口诀（P38—40）

第 1 题，以 1 辆三轮车有 3 个轮子为原型，研究三轮车辆数与轮子个数的关系。孩子经历了编 2 的乘法口诀，又有 3 个 3 个地数的经验，学习材料提供了一三 03，二三 06 两句口诀，编三三 09 口诀的方法。

第 2 题，以 3×3 为基础，用乘加配合直观线段图，引导孩子 3×5 到 3×9 的口诀。并用 3

个 3 是 9，2 个 3 是 6，3 个 3 与 2 个 3 合起来是 5 个 3，5 个 3 是 15（9+6）来验证三五 15 口诀，进而对照“果子”图，1 份是 3，3 的 2 倍是 6，3 的 3 倍是 9，3 的 4 倍是 12，……，3 的 9 倍是 27。

第 3 题，几何图形直观，1 份所对应的是 6，3 份所对应的是 18（6×3），1 份所对应的是 8，3 份所对应的是 24（8×3），使孩子初步感受 1 份数量的变化，几份数量也相应地变化。

第 4 题，把一个乘式改写成两个除式，使孩子初步感受乘除法的关系。

3×5=15　15÷3=5　15÷5=3　　　9×3=27　27÷9=3　27÷3=9

第 5 题，用乘法口诀求商，要使孩子掌握思考方法，把被除数当作为乘式里的积，把除数看作一个乘数，根据乘法口诀想出另一个乘数。在用“小九九”口诀求商的过程中，有时从除数开始想，如 12÷3，想 3 个几是 12，即三（四）12。有的从商开始想，如 24÷8，就是想几个 8 是 24，即（三）八 24。

18÷3= □，因为 3×6=18，而除数是 3，商是 6，3<6，除数小于商，就是从除数开始想三（六）18。

27÷9= □，因为 3×9=27，而除数是 9，商是 3，9>3，除数大于商，就从商开始想（三）九 27。一般来说，从商开始想困难一些，要重点训练。

第 6 题，分析 1 份所对应的数量与几份所对应的数量。

（1）1 份所对应的是 7，21 里有几个 7，□份所对应的是 21，21÷7=3（盒）。

（2）1 份所对应的是 8，24 里有几个 8，□份所对应的是 24，24÷8=3（袋）。

第 7 题，（1）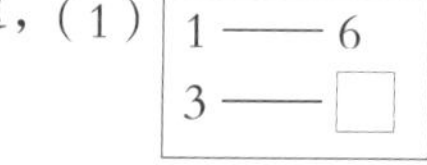

6×3=18（朵）

（2）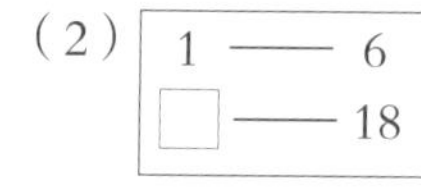

18÷6=3（倍）

第 8 题，

12			
3	3	3	3
6		6	

12=3×4，12=6×2
3×4=6×2

12					
4		4		4	
2	2	2	2	2	2

12=4×3，12=2×6
4×3=2×6

挑战台，如果 1 个长方体 =5 个圆柱体，1 个圆柱体 =3 个圆锥体，那么长方体的个数与圆锥的个数有什么关系呢？结合图示引导孩子思考，把 1 个长方体替换成 5 个圆柱体，把 1 个圆柱体替为 3 个圆锥体，5 个圆柱体可以替换为（3×5）个圆锥体，因此 1 个长方体 =15 个圆锥体。5 个圆柱体是联系 1 个长方体与 15 个圆锥体的中介。学习时要引导孩子把推理过程说清楚。

【14】4 的乘法口诀（P41—43）

第 1 题，以 1 辆汽车有 4 个轮子为原型，研究汽车辆数与轮子个数的关系。从 1 辆汽车 4 个轮子，2 辆汽车 8 个轮子，4 辆汽车 16 个轮子，编出口诀一四 04，二四 08，四四 16，进而用组合方式得出 3 辆，5 辆，6 辆……有多少轮子，分别填入表内，初步了解 4 的乘积的变化规律。

第 2 题，以 4×4 为基础，用乘加配合直观线段图，引导孩子编出 4×5 到 4×9 的口诀。并用 4 个 4 与 2 个 4 合起来是 6 个 4，6 个 4 是 24（16+8）来验证四六 24 口诀，进而对照“花”图，1 份是 4，4 的 2 倍是 8，4 的 4 倍是 16，……，4 的 9 倍是 36。

2～4 的乘法口诀具有结构类同的关系，在算式的意义、算式结构的联系方式与变化规律，以及算式的特点与编口诀的方法等方面都具有共性，这种共性的结构特征具有比知识更强的组织迁移能力，训练时要让孩子灵活使用结构进行主动迁移，建立起结构化的思维能力。

第 3 题，

$4\times8=32$ $32\div4=8$ $32\div8=4$	$6\times4=24$ $24\div6=4$ $24\div4=6$	$7\times4=28$ $28\div7=4$ $28\div4=7$

第 4 题，统计与乘法结合，从 1 格代表 1 到 1 格代表 4。

$4\times6=24$（朵），$4\times4=16$（朵），$4\times8=32$（朵），$4\times3=12$（朵），$4\times5=20$（朵）。

第 5 题，（1）7 个 4 是 28，4 的 7 倍是 28。　（2）32 是 4 的 8 倍，32 是 8 的 4 倍。

（3）$9\times4+9=45$，$4\times8+8=40$。　（4）15 的翻倍是 30，40 折半是 20。

第 6 题，（1）1 —— 3，4 —— [12]　（2）1 —— 4，[5] —— 20　（3）1 —— 5，[4] —— 20

$3\times4=12$（只）　$20\div4=5$（个）　$20\div5=4$（束）

挑战台，$8\times3=24$　$8-3=5$　$6\times4=24$　$6-4=2$

✚=8，✿=3　$8\times2+3=19$　✚=6，✿=4　$4\times2+6=14$

【15】求积求商（P44—46）

第 1 题，根据口诀写出两道乘法算式和两道除法算式。用口诀求积和求商相结合，相互促进，进一步感知乘除法的关系。

第 2 题，利用方格表做乘除法。

（1），（2）上行与左列分别表示乘数，行列相对应的两个数相乘填在相应的空格里。

（1）$4\times5=20$，$4\times7=28$，$3\times5=15$，$3\times7=21$。

（2）$3\times6=18$，$3\times8=24$，$4\times6=24$，$4\times8=32$。

（3），（4）中间数是积，上行与左列的一个已知数是乘数。

（3）$18\div2=$ [9]，$28\div7=$ [4]，$4\times2=8$，$4\times3=12$，$4\times$ [4] $=16$，
[9] $\times3=27$，[9] $\times$ [4] $=36$，$7\times2=14$，$7\times3=21$。

（4）$14\div2=$ [7]，$28\div$ [7] $=$ [4]，$24\div8=$ [3]，$15\div$ [3] $=$ [5]。

第 3 题，表格式应用题，已知 1 份数量（每条船 3 人），通过练习使孩子进一步感受总数量（人数）与份数（船的条数）之间的关系，知道份数求总数量用乘法，知道总数量求份数用除法。

$3\times2=6$（人）　$12\div3=4$（条）　$3\times6=18$（人）　$24\div3=8$（条）

第 4 题，$4\times2=8$　$4\times4=16$　$4\times6=24$　$4\times8=32$　$20\div4=5$　$28\div4=7$　$36\div4=9$

第 5 题，（1）$9\times4=36$　$36\div9=4$

（2）♠ $=12\div2=6$，♥ $=12\div3=4$，◆ $=12\div4=3$

第 6 题，图形等式推算系列中的基础性练习，一方面进一步熟悉乘除法之间的关系，巩固表内乘除法的计算；另一方面不再是具体的算术运算，而是分析等式中数与数之间的关系，把算术计算与代数运算相结合，通过等式变形求出未知数。

“等式变形”是代数运算的基本方法，把含有未知数的等式转化为求未知数的算式，如 $4\times$ ✱ $=28\rightarrow$ ✱ $=28\div4$，$21\div$ ◆ $=3\rightarrow$ ◆ $=21\div3$。

（1）

✱ $=28\div4$ ✱ $=7$	✚ $=20\div5$ ✚ $=4$	✣ $=36\div9$ ✣ $=4$

（2）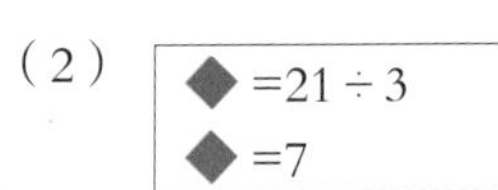

☆ =27÷9	▲ =8×4
☆ =3	▲ =32

（3）引导孩子观察方格图，找出解决问题的突破口，第二列 3 个同样的图形，即 3 个同样的数，3 个数的和是 21，可求得✿ =21÷3=7，代入第一行，求得✤ =20−7×2=6，代入第二行，求得✦ =23−6−7=10，代入第三行，求得✚ =32−7−10=15。

7	7	6
6	7	10
15	7	10

验证：第 1 列，7+6+15=28

第 3 列，10×2+6=26

挑战台，（1）▲ =18−7×2=4　☆ =7−4=3　验证：3×2=6，4×3=12，6+12=18

（2）◆ = ▲ ×2　● = ▲ ×3　验证：3×2−2=4　2×3=6

【16】5 的乘法口诀（P47—49）

第 1 题，在学习 2～4 的乘法口诀时，已经出现二五 10，三五 15，四五 20，以 5×4 为基础，用乘加配合直观线段图，引导孩子推出 5×5 到 5×9 的口诀。

第 2 题，根据口诀写出两道乘法算式和两道除法算式。用口诀练习求积和求商相结合，相互促进，进一步理解乘除法的关系。

第 3 题，“每辆小汽车坐 5 人”是 1 份数量。

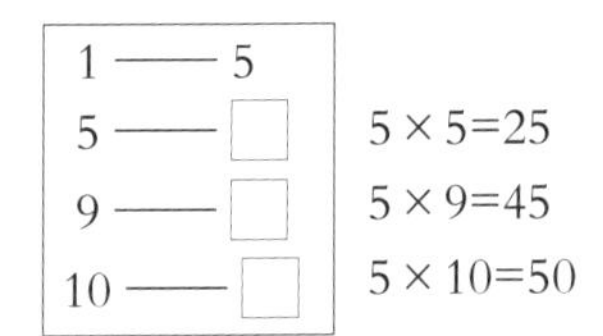

5×5=25
5×9=45
5×10=50

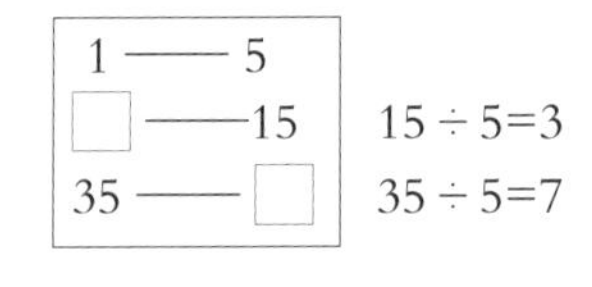

15÷5=3
35÷5=7

第 4 题，（1）把 1 个圆分割成 2 个半圆，把半圆看作 1：1+2+2+2=7

1 —— 5
7 —— □

5×7=35

（2）8×5=40

（3）1 个六边形内含 6 个△，表示 30，求△表示的数。

1 —— □
6 —— 30

30÷6=5

（4）1 个三角形内含 9 个小三角形，表示 45，一个小三角形表示几?

1 —— □
9 —— 45

45÷9=5

第 5 题，“每个花瓶插 5 朵花”是一份数量。

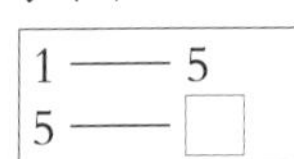

5×5=25

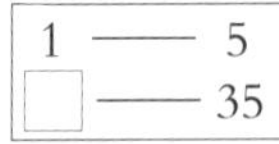

35÷5=7

第 6 题，4 个 8 再加 1 个 8 是 5 个 8，7 个 4 再加 1 个 4 是 8 个 4，5 个 9 减去 1 个 9 是 4 个 9。

第 7 题，一一 01 ～五九 45 乘法口诀的整理。

第 8 题，方格表做乘除法。

7×5=35	7×4=28	7×3=21
8×5=40	8×4=32	8×3=24
9×5=45	9×4=36	9×3=27

挑战台，

37+ [63] =100 63+ [37] =100	89+ [11] =100 11+ [89] =100	55+ [45] =100 45+ [55] =100
37 与 63 互为补数	89 与 11 互为补数	55 与 45 互为补数
46+ [54] =100 54+ [46] =100	72+ [28] =100 28+ [72] =100	64+ [36] =100 36+ [64] =100
54 与 46 互为补数	72 与 28 互为补数	64 与 36 互为补数

引导孩子分析：$\overbrace{37+63}^{90}=100$，$\underbrace{37+63}_{10}$；$\overbrace{72+28}^{90}=100$，$\underbrace{72+28}_{10}$

【23】不退位减（P68—70）

第 1 题，从立方体积木的直观图中，引出 59−7（两位数减一位数），59−35（两位数减两位数），都是不退位减法。

第 2 题，整十数减与一位数减组合为两位数减两位数，在练习中探索计算方法，十位与十位相减，个位与个位相减。

第 3 题，竖式计算，数位对齐，先算十位，再算个位。

第 4 题，竖线上的计算。 67−5=62 76−5=71 89−7=82 95−5=90

第 6 题，68−5=63，68−11=57，59−7=52，59−11=48，59−15=44，75−20=55，75−15=60，75−35=40， 84−32=52

第 7 题，（1）85−50=35（人） （2）57−43=14（朵） 68−35=33（朵）

挑战台，40 折半 20，  =20； =20+10=30； =30+20=50；
=50+50=100； =100−50=50。

【24】加减练习（P71—73）

第 1 题，和是整十数的加法。

15 + 5=20 45 + 5=50 45 +15=60	14 + 6= 20 64 + 6= 70 64 + 26= 90	12 + 8= 20 32 + 8= 40 32 + 38= 70

使孩子初步感受到个位相加满 10，向十位进 1。

第 2 题，整十数减一位数。

10 − 6= 4 50 − 6= 44 50 − 16=34	10 − 8= 2 40 − 8= 32 40 − 28= 12	10 − 3= 7 60 − 3= 57 60 − 33= 27

使孩子初步感受到个位不够，从十位退 1。

第 3 题，7 + 8 = 9 + [6]（7 → 9：+2；8 → 6：−2） 50+40=60+30 50+40=63+27

20 + 5 = 15 + [10]（20 → 15：−5；5 → 10：+5） 30+50=40+40 30+50=36+44

第 4 题，78 − 35 (>) 40 32 + 40 (<) 80 45 + 23 (>) 65

80 (>) 100 − 30 65 (>) 68 − 13 69 (<) 24 + 50

第 5 题，引导孩子分析数的排列规律。

（1）按数从小到大排列，根据“47，49，51，53”可以判断相邻数之间的差是2，“57”在53与59之间，57是D。

57→D　73→I　63→F　83→L　87→M　89→N

61→E　79→K　55→C　77→J　67→G　45→A　51→B　71→H

（2）按数从大到小排列，相邻数之间的差是3。

75→B　54→E　81→A　12→N　45→G　36→I　63→D　72→C

51→F　39→H　30→J　27→K　21→L　18→M

第6题，在数表中做加减法。

67−25=42

56−32=24

79−43=36

+	24	25	36
42		67	
32	56		
43			79

第7题，（1）

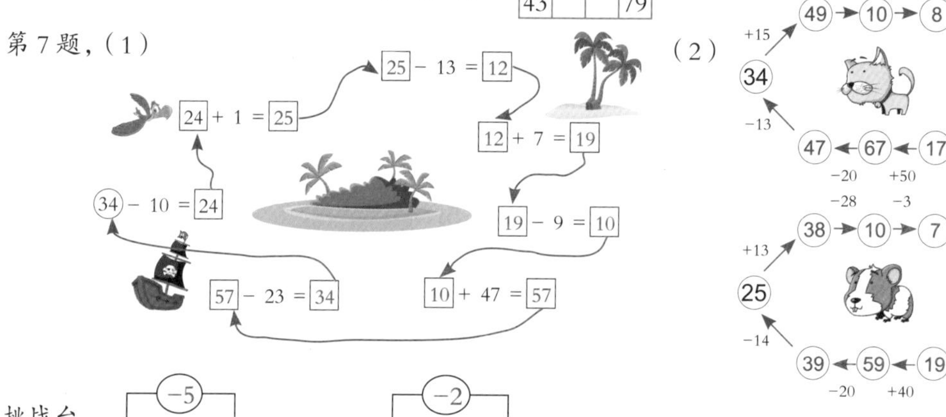

（2）

34 →(+15) 49 →(−39) 10 →(−2) 8 →(+5) 13 →(+4) 17 →(+50) 67 →(−20) 47 →(−13) 34

25 →(+13) 38 →(−28) 10 →(−3) 7 →(+8) 15 →(+4) 19 →(+40) 59 →(−20) 39 →(−14) 25

挑战台，

35 + 27 = 30 + 32　（−5）（+5）

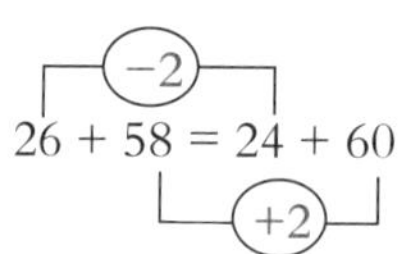

【25】两位数与一位数进位加（P74—76）

第1，2题，孩子已经会算8+7，18+7，5+7，15+7。计算58+7，46+8不会有什么困难。训练时引导孩子解释列举的各种算法。

第3题，一位数加一位数与两位数加一位数的对照。如8+7，个位满10了，向十位进1，得13，先写十位上的“1”，再写个位上的“3”。48+7，个位满10了，向十位进1，十位上原来有4，进“1”以后就变成“5”，得55，先写十位上的“5”，再写个位上的“5”。对两位数加一位数而言要先看再算，看个位相加是否满10，如果不满10就直加。

第4题，（1）

78 + 5 = 70 +13 = 83	87 + 4 = 80 +11 = 91	69 + 6 = 60 + 15 = 75
57 + 9 = 57+10−1 = 66	46 + 8 = 46 +10− 2 = 54	69 + 5 = 69+10−5 = 74

（2）

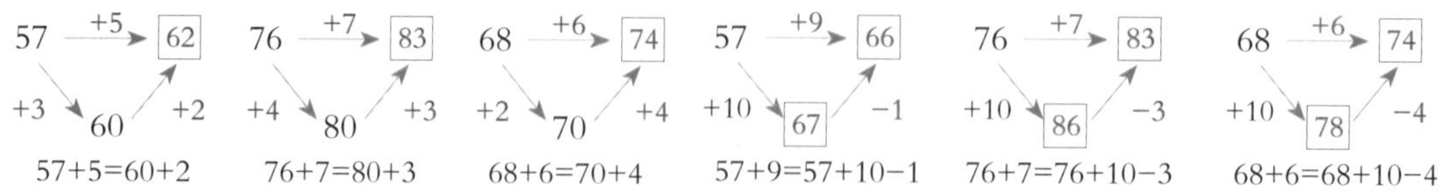

第6题，45+6=51，45+7=52，45+8=53，45+9=54，56+7=63，56+8=64，56+9=65，56+4=60，78+9=87，78+4=82，78+5=83，78+6=84，89+4=93，89+5=94，

89+6=95，89+7=96，87+4=91，87+5=92，87+6=93，87+9=96，76+4=80，76+5=81，76+8=84，76+9=85，65+7=72，65+8=73，65+9=74，54+6=60，54+7=61，54+8=62，54+9=63 等。

第 7 题，54+9=63　　　　67+8=75

挑战台，

$$\begin{array}{r} 4\,\boxed{5} \\ +\quad 8 \\ \hline \boxed{5}\,3 \end{array}\qquad \begin{array}{r} \boxed{5}\,7 \\ +\quad \boxed{8} \\ \hline 6\,5 \end{array}\qquad \begin{array}{r} 6\,\boxed{8} \\ +\quad 6 \\ \hline \boxed{7}\,4 \end{array}\qquad \begin{array}{r} 7\,\boxed{3} \\ +\quad \boxed{9} \\ \hline 8\,2 \end{array}$$

（答案不唯一）

【26】进位加练习（P77—79）

第 1，2 题，两位数加一位数进位加法，个位满 10，向十位进 1，直接写出得数。

第 3 题，从 48 开始，

横向加 6 得后一个数，

纵向加 8 得下一个数。

$$\begin{array}{ccccccccc} 48 & \xrightarrow{+6} & 54 & \xrightarrow{+6} & 60 & \xrightarrow{+6} & 66 & \xrightarrow{+6} & 72 \\ {\scriptstyle +8}\downarrow & & \downarrow & & \downarrow & & \downarrow & & \downarrow \\ 56 & \rightarrow & 62 & \rightarrow & 68 & \rightarrow & 74 & \rightarrow & 80 \\ {\scriptstyle +8}\downarrow & & \downarrow & & \downarrow & & \downarrow & & \downarrow \\ 64 & \rightarrow & 70 & \rightarrow & 76 & \rightarrow & 82 & \rightarrow & 88 \\ {\scriptstyle +8}\downarrow & & \downarrow & & \downarrow & & \downarrow & & \downarrow \\ 72 & \rightarrow & 78 & \rightarrow & 84 & \rightarrow & 90 & \rightarrow & 96 \end{array}$$

第 4 题，

$35 \xrightarrow{+7} \boxed{42} \xrightarrow{+7} \boxed{49} \xrightarrow{+7} \boxed{56} \xrightarrow{+7} \boxed{63} \xrightarrow{+7} \boxed{70}$

$40 \xrightarrow{+8} \boxed{48} \xrightarrow{+8} \boxed{56} \xrightarrow{+8} \boxed{64} \xrightarrow{+8} \boxed{72} \xrightarrow{+8} \boxed{80}$

$45 \xrightarrow{+9} \boxed{54} \xrightarrow{+9} \boxed{63} \xrightarrow{+9} \boxed{72} \xrightarrow{+9} \boxed{81} \xrightarrow{+9} \boxed{90}$

同数连加的练习，前一题的答案是后一个算式的一个加数，可以要求孩子理解几个几个连加是相乘，如：

35+7=42 ↓ 7×5+7=42 → 7×6=42	42+7=49 ↓ 7×6+7=42 → 7×7=49	40+8=48 ↓ 8×5+8=48 → 8×6=48
48+8=56 ↓ 8×6+8=56 → 8×7=56	45+9=54 ↓ 9×5+9=54 → 9×6=54	54+9=63 ↓ 9×6+9=63 → 9×7=63

为进一步学习乘法口诀做准备。

第 5 题，两位数加一位数进位加法的学习过程中，安排一些数字谜题，以促进孩子的数学思考，提高孩子数与数之间关系的思考能力。在一个数学式子（竖式或横式）中擦去部分或全部数字，用图形、文字或空格代替部分或全部数字的不完整的算式叫作“数字谜题”。这种练习不但能加深对运算的理解，更重要的是能培养孩子的逻辑推理能力。两位数加一位数和为两位数的进位加法，其中 a，b，c，d，e 五个数字都不相同的（不出现重复数字）有 143 题，如 35+7=42；含两个重复数字的 1 题，如 89+9=98；含三个重复数字的有 37 题，分 8 种模式；含四个不同数字的有 179 题，分 7 种模式；其中含三个不同数字的全谜题（两个加数与和 5 个数字全部空缺）思维含量比较大，本题选择了 4 种模式进行训练。

用字母代替图形，a—▲，b—●，c—★。

$$\begin{array}{r} a\,b \\ +\quad b \\ \hline c\,a \end{array}\quad \begin{array}{r} 2\,6 \\ +\quad 6 \\ \hline 3\,2 \end{array}\quad \begin{array}{r} 4\,7 \\ +\quad 7 \\ \hline 5\,4 \end{array}\quad \begin{array}{r} 6\,8 \\ +\quad 8 \\ \hline 7\,6 \end{array}$$

（1）

$$\begin{array}{r} a\,a \\ +\quad a \\ \hline c\,b \end{array}\quad \begin{array}{r} 5\,5 \\ +\quad 5 \\ \hline 6\,0 \end{array}\quad \begin{array}{r} 6\,6 \\ +\quad 6 \\ \hline 7\,2 \end{array}\quad \begin{array}{r} 7\,7 \\ +\quad 7 \\ \hline 8\,4 \end{array}\quad \begin{array}{r} 8\,8 \\ +\quad 8 \\ \hline 9\,6 \end{array}$$

（2） $\begin{array}{r} a\,a \\ +\ \ c \\ \hline c\,b \end{array}$ $\begin{array}{r} 5\,5 \\ +\ \ 6 \\ \hline 6\,1 \end{array}$ $\begin{array}{r} 6\,6 \\ +\ \ 7 \\ \hline 7\,3 \end{array}$ $\begin{array}{r} 7\,7 \\ +\ \ 8 \\ \hline 8\,5 \end{array}$ $\begin{array}{r} 8\,8 \\ +\ \ 9 \\ \hline 9\,7 \end{array}$ （3） $\begin{array}{r} a\,b \\ +\ \ b \\ \hline c\,c \end{array}$ $\begin{array}{r} 1\,6 \\ +\ \ 6 \\ \hline 2\,2 \end{array}$ $\begin{array}{r} 3\,7 \\ +\ \ 7 \\ \hline 4\,4 \end{array}$ $\begin{array}{r} 5\,8 \\ +\ \ 8 \\ \hline 6\,6 \end{array}$ $\begin{array}{r} 7\,9 \\ +\ \ 9 \\ \hline 8\,8 \end{array}$

挑战台，a—，b—，c—，d—。

$\begin{array}{r} a\,b \\ +\ \ b \\ \hline c\,d \end{array}$ （1）a 表示的数字 1，2，3，4，5，6，7，8。

（2）a=3 $\begin{array}{r} 3\,6 \\ +\ \ 6 \\ \hline 4\,2 \end{array}$ $\begin{array}{r} 3\,8 \\ +\ \ 8 \\ \hline 4\,6 \end{array}$ $\begin{array}{r} 3\,9 \\ +\ \ 9 \\ \hline 4\,8 \end{array}$ （3）a=7 $\begin{array}{r} 7\,5 \\ +\ \ 5 \\ \hline 8\,0 \end{array}$ $\begin{array}{r} 7\,6 \\ +\ \ 6 \\ \hline 8\,2 \end{array}$

【27】两位数与一位数退位减（P80—82）

第 1 题，先回顾 26−2，个位够减就直减，十位上的数不变，得 24。这个过程用小棒演示，就是从零散的 6 根小棒拿走 2 根。再思考 26−9，零散的 6 根小棒不够拿去 9 根，即个位不够，就需要把其中一捆解散，也就是从十位退一， 26−10=16，因为只要拿去 9 根，而拿去了 10 根，所以加上多拿去的 1 根，这就是“退一加补”的思考过程。通过 26−2 与 26−9 的比较，使孩子明白计算两位数减一位数的题目，先看个位够不够，够减就直减，不够减就“退一加补”。

第 2 题，看小棒图写算式，31−8=23，44−7=37，进一步明白“个位不够减，退一加补”的思考过程。

第 3 题，展示多种计算方法，通过比较这些方法的联系和区别，帮助孩子进一步理解这些方法。

第 4 题，引导孩子分析不同的计算方法。

（1）把被减数分拆为几十与十几，被减数十位退一得到差的十位，十几减几得到差的个位。

（2）把减数分拆，先减去被减数的个位，变成整十数，再减去另一个数。

（3）被减数十位退一，加上个位的补 10 数。

第 5 题，20 以内退位减与两位数减一位数的对照训练。突出个位不够，先从十位退一再加上减数的补数。

12−7=2+3	15−8=5+2	14−9=4+1
32−7=22+3	45−8=35+2	24−9=14+1
52−7=42+3	65−8=55+2	84−9=74+1

第 6 题，引导孩子自主选择算法。

46−8=38　72−5=67　83−6=77　54−9=45　61−4=57　96−7=89

35−6=29　43−5=38　62−8=54

第 7 题，52−7=45　73−5=68　40−4=36　21−9=12　35−8=27　64−6=58

第 8 题，

35−7=28	53−9=44
28+7=35	44+9=53

第 9 题，♠=32−8=24　♥=54−9=45　♣=43+7=50

挑战台，$\begin{array}{r} 5\,\boxed{2} \\ -\ \ 7 \\ \hline \boxed{4}\,5 \end{array}$ $\begin{array}{r} \boxed{7}\,2 \\ -\ \ \boxed{4} \\ \hline 6\,8 \end{array}$ $\begin{array}{r} 9\,3 \\ -\ \ \boxed{6} \\ \hline \boxed{8}\,7 \end{array}$ $\begin{array}{r} 8\,\boxed{1} \\ -\ \ \boxed{7} \\ \hline \boxed{7}\,4 \end{array}$ $\begin{array}{r} 8\,\boxed{2} \\ -\ \ \boxed{8} \\ \hline \boxed{7}\,4 \end{array}$ $\begin{array}{r} 8\,\boxed{3} \\ -\ \ \boxed{9} \\ \hline \boxed{7}\,4 \end{array}$

【28】退位减练习（P83—85）

第 1 题，一组题，被减数不同，减数相同，差有什么不同？

32−8=24	43−7=36	25−9=16
+13↓　↓+13	+8↓　↓+8	+11↓　↓+11
45−8=37	51−7=44	36−9=27
+6↓　↓+6	+24↓　↓+24	+8↓　↓+8
51−8=43	75−7=68	44−9=35
+25↓　↓+25	+7↓　↓+7	+43↓　↓+43
76−8=68	82−7=75	87−9=78

第 2 题，21−3=18　21−5=16　21−7=14　21−8=13　31−2=29　31−5=26　31−7=24
31−8=23　51−2=49　51−3=48　51−7=44　51−8=43　71−2=69　71−3=68
71−5=66　71−8=63　81−2=79　82−3=79　82−5=77　82−7=75　32−5=27
32−7=25　32−8=24　52−3=49　52−7=45　52−8=44　72−3=69　72−5=67
72−8=64　82−3=79　82−5=77　82−7=75　53−7=46　53−8=45　73−5=68
75−8=65　85−7=78 等　　引导孩子有序思考。

第 3 题，从 63 开始横向减 7 得后一个数，纵向加 8 得下一个数。

63 —(−7)→ 56 —(−7)→ 49 —(−7)→ 42 —(−7)→ 35
(−9)↓　↓　↓　↓　↓
54 → 47 → 40 → 33 → 26
(−9)↓　↓　↓　↓　↓
45 → 38 → 31 → 24 → 17
(−9)↓　↓　↓　↓　↓
36 → 29 → 22 → 15 → 8

第 4 题，51 —(−7)→ [44] —(−7)→ [37] —(−7)→ [30] —(−7)→ [23] —(−7)→ [16]
80 —(−8)→ [72] —(−8)→ [64] —(−8)→ [56] —(−8)→ [48] —(−8)→ [40]

第 5 题，构造等差数列，5 个数为一列，先确定中间数，再向两侧延伸，构造公差为 2，3，4，5 的数列。

公差为 2：41 ←(−2)— 43 ←(−2)— [45] —(+2)→ 47 —(+2)→ 49
公差为 3：12 ←(−3)— 15 ←(−3)— [18] —(+3)→ 21 —(+3)→ 24
公差为 4：29 ←(−4)— 33 ←(−4)— [37] —(+4)→ 41 —(+4)→ 45
公差为 5：73 ←(−5)— 78 ←(−5)— [83] —(+5)→ 88 —(+5)→ 93

第 6 题，退位减法数字谜。

（1）用字母代替图形，a—▲，b—★，c—⬢。

$b\ c$	6 0	7 2	8 4	9 6
$-\ \ a$	− 5	− 6	− 7	− 8
$a\ a$	5 5	6 6	7 7	8 8

（2）用字母代替图形，a—，b—，c—。

$a\ b$	3 2	5 4	7 6
$-\ \ c$	− 6	− 7	− 8
$b\ c$	2 6	4 7	6 8

（3）用字母代替图形，a—■，b—●，c—▲。

$a\ b$	5 0	6 2	7 4	8 6
$-\ \ a$	− 5	− 6	− 7	− 8
$c\ a$	4 5	5 6	6 7	7 8

挑战台，a—，b—，c—，d—。

（1）
$$\begin{array}{r}20\\-\ 5\\\hline 15\end{array}\quad\begin{array}{r}24\\-\ 7\\\hline 17\end{array}\quad\begin{array}{r}26\\-\ 8\\\hline 18\end{array}\quad\begin{array}{r}28\\-\ 9\\\hline 19\end{array}$$

（2）
$$\begin{array}{r}52\\-\ 6\\\hline 46\end{array}\quad\begin{array}{r}56\\-\ 8\\\hline 48\end{array}\quad\begin{array}{r}58\\-\ 9\\\hline 49\end{array}$$

【29】人民币（P86—88）

第 1 题，以“元”为单位的人民币在生活中占主导地位。1 元以上人民币的单位都是“元”，可以根据纸币上的数字或文字来认识，也可以根据颜色来认识。

第 2 题，1 张 10 元币和 3 张 5 元币，合起来是 25 元（5×3+10），1 张 50 元币、1 张 20 元币和 2 张 10 元币合起来是 90 元（10×2+20+50）。

第 3 题，以“元”为单位的人民币进行等值兑换时，可以联系数的组成来考虑。大面值的人民币的面额里有几个小面值人民币的面额，就能兑换几张小面值的人民币。

第 4 题，20+5+1=26　26−23=3（元）　　20×2+5=45　45−14=31（元）
50+10+3=63　63−30=33（元）　50+20+5+2=77　77−27=50（元）

第 5 题，（1）50−7=43（元）　（2）50−42=8（元）

第 6 题，圆、角、分都是人民币的单位，相邻两个单位之间的进率是 10，即 1 元 =10 角，1 角 =10 分。

第 7 题，表示标价有两种方法：一种用小数表示，以元为单位，如 3.40 元；另一种用元与角复合表示，如 2 元 5 角。后者与生活语言一致，孩子比较容易理解。

【30】应用问题（P89—91）

引导孩子分析数量关系，进一步领会加减法的意义，积累解决问题的经验和策略第 1~3 题，部分数量与总数量之间的关系；第 4，5 题，两个数量的差比关系。

第 1 题，（1）“红花朵数”“黄花朵数”是部分数量，“红花与黄花合起来的朵数”是总数量。已知两个部分数量求总数量用加法。已知红花与黄花合起来的朵数，以及红花朵数，求黄花朵数，用减法。
（2）原有本数是总数量，借出本数与剩下本数是部分数量。
48−15=33（本）　　15+33=48（本）

第 2 题，（1）56+30=86（只）　　（2）74−30=44（只）

第 3 题，（1）42+8=50（箱）　　（2）8+37=45（箱）

第 4 题，比较蝴蝶与蜜蜂的数量，根据线段图说出较大数量与较小数量与相差数量。
（1）已知较大数量，较小数量，求相差数量。　30−23=7（只）
（2）已知较大数量与相差数量，求较小数量。　30−7=23（只）
（3）已知较小数量与相差数量，求较大数量。　23+7=30（只）
较大数量 a，较小数量 b，a=30，b=23，a 比 b 多 7，b 比 a 少 7，使孩子知道较大数量比较小数量多几？就是较小数量比较大数量少几。

第 5 题，（1）24−6=18（辆）　（2）24+14=38（辆）　（3）38−18=20（辆）

挑战台，“矿泉水瓶数”“桃汁瓶数”“冰绿茶瓶数”三个数量的比较，已知一个数量和两个数量的关系，求另一个数量。
已知“矿泉水瓶数”与“矿泉水与桃汁相差瓶数”，可以得到“桃汁瓶数”，50−28=22（瓶），再根据“冰绿茶瓶数”与“桃汁瓶数”的相差数，求出“冰绿茶瓶数”。

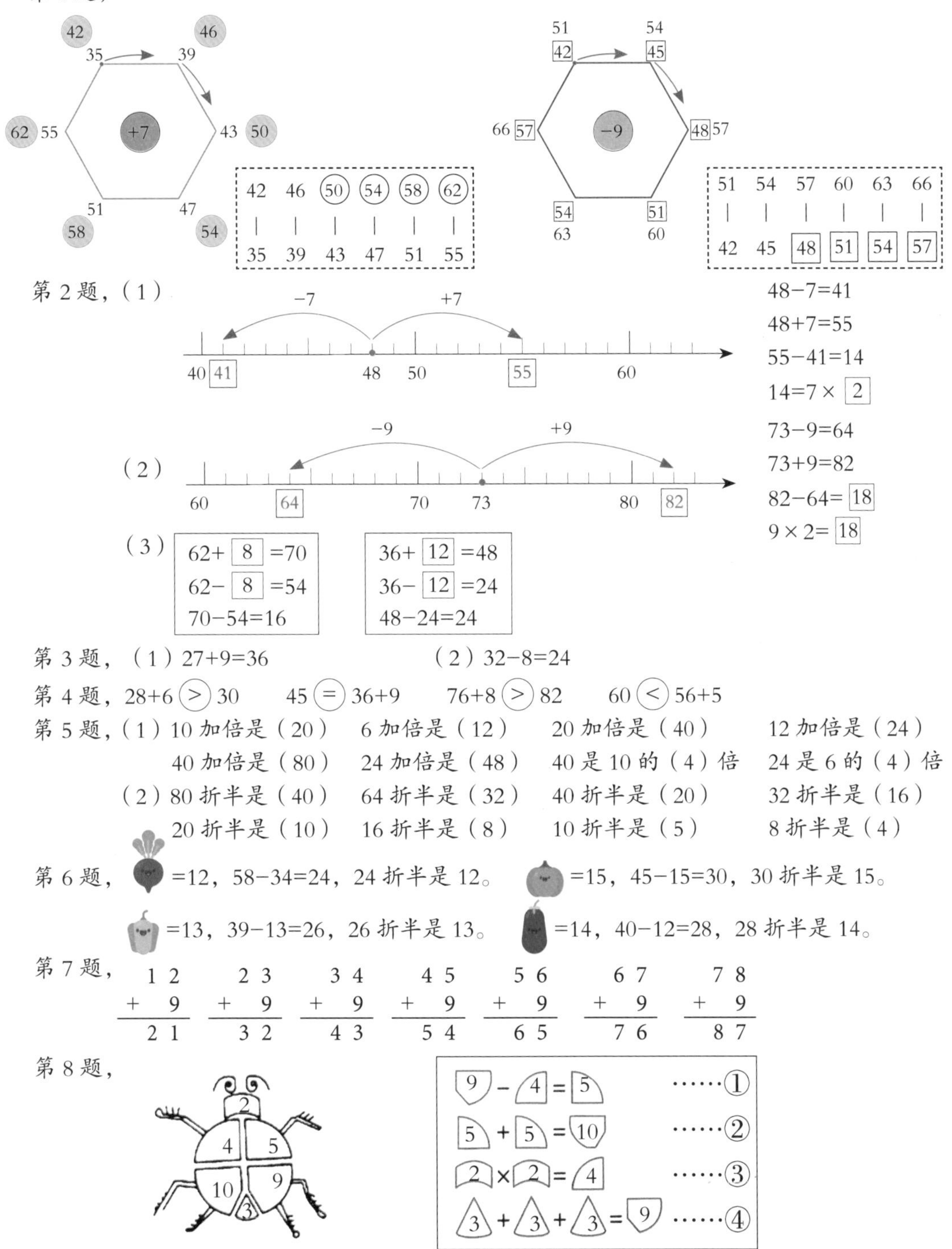

【31】加减练习（P92—94）

第 1 题，

42 46 (50) (54) (58) (62)

35 39 43 47 51 55

51 54 57 60 63 66

42 45 [48] [51] [54] [57]

第 2 题，（1）

48−7=41

48+7=55

55−41=14

14=7× [2]

（2）

73−9=64

73+9=82

82−64= [18]

9×2= [18]

（3）

62+ [8] =70

62− [8] =54

70−54=16

36+ [12] =48

36− [12] =24

48−24=24

第 3 题，（1）27+9=36　　（2）32−8=24

第 4 题，28+6 (>) 30　45 (=) 36+9　76+8 (>) 82　60 (<) 56+5

第 5 题，（1）10 加倍是（20）　6 加倍是（12）　20 加倍是（40）　12 加倍是（24）

40 加倍是（80）　24 加倍是（48）　40 是 10 的（4）倍　24 是 6 的（4）倍

（2）80 折半是（40）　64 折半是（32）　40 折半是（20）　32 折半是（16）

20 折半是（10）　16 折半是（8）　10 折半是（5）　8 折半是（4）

第 6 题，=12，58−34=24，24 折半是 12。　=15，45−15=30，30 折半是 15。

=13，39−13=26，26 折半是 13。　=14，40−12=28，28 折半是 14。

第 7 题，

$$\begin{array}{r}12\\+\ 9\\\hline 21\end{array}\quad\begin{array}{r}23\\+\ 9\\\hline 32\end{array}\quad\begin{array}{r}34\\+\ 9\\\hline 43\end{array}\quad\begin{array}{r}45\\+\ 9\\\hline 54\end{array}\quad\begin{array}{r}56\\+\ 9\\\hline 65\end{array}\quad\begin{array}{r}67\\+\ 9\\\hline 76\end{array}\quad\begin{array}{r}78\\+\ 9\\\hline 87\end{array}$$

第 8 题，

9 − 4 = 5 ……①

5 + 5 = 10 ……②

2 × 2 = 4 ……③

3 + 3 + 3 = 9 ……④

四、图形和几何

【32】图形的拼合（一）（P95—97）

第 1 题，（1）①+④，（2）①+③，（3）①+③+④，

（4）①+③+④，（5）①+②+④，（6）①+②+④

第 2 题，（1）　（2）　（3）　（4）

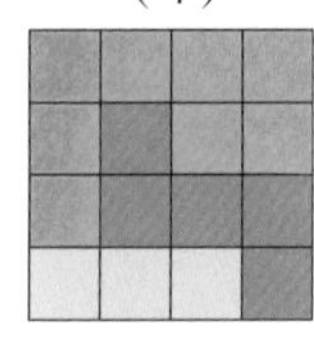

第3题，先由小松鼠拿出一个图形，放在中间的正方形里，根据所缺的图形，再由小猴子补上。

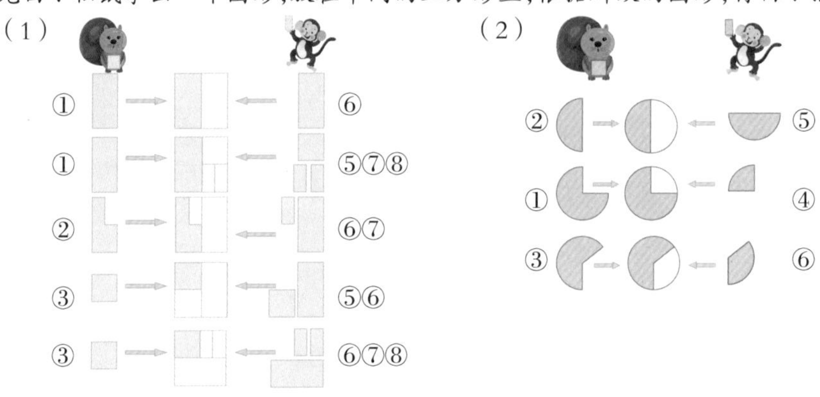

挑战台，①+⑧，②+⑨，③+⑤，④+⑩，⑥+⑪，⑦+⑫

【33】图形的拼合（二）（P98—100）

第 1 题，（1）①，（2）③，（3）④，（4）②。

第 2 题，a—③，b—④，c—②，d—①。

第 3 题，①—⑦，②—⑤，③—⑧，④—⑥。

第 4 题，A—③，B—①，C—④，D—②。

挑战台，A—④，B—①，C—②，D—③。

【34】图形的分割（P101—103）

第 1 题，

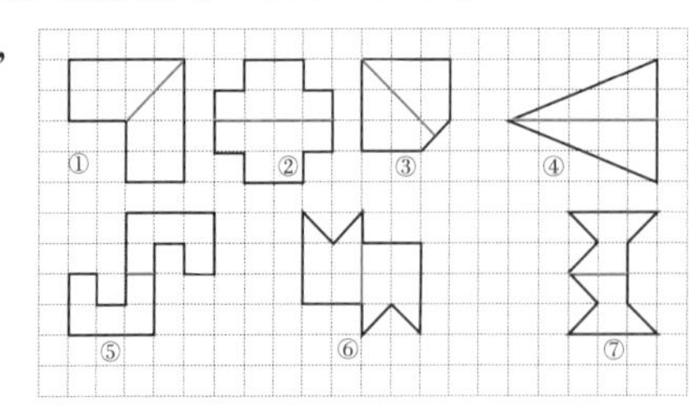

第 2 题，

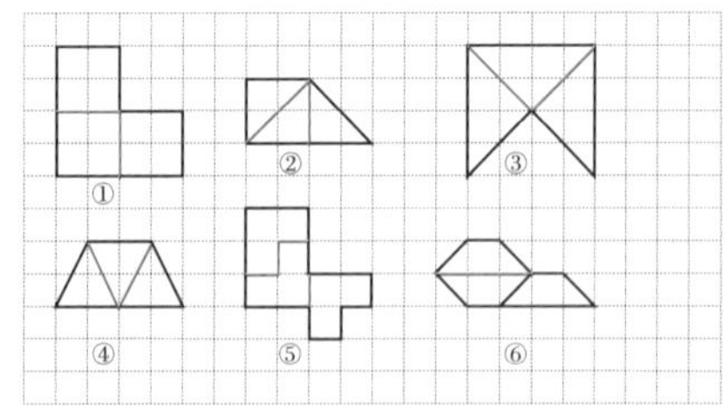

第 3 题，

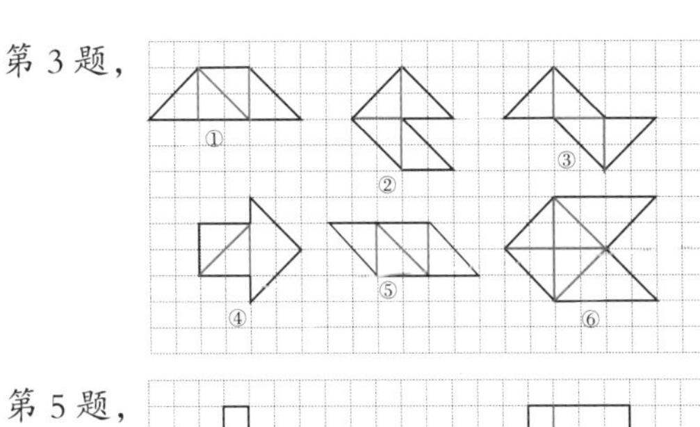

第 4 题，

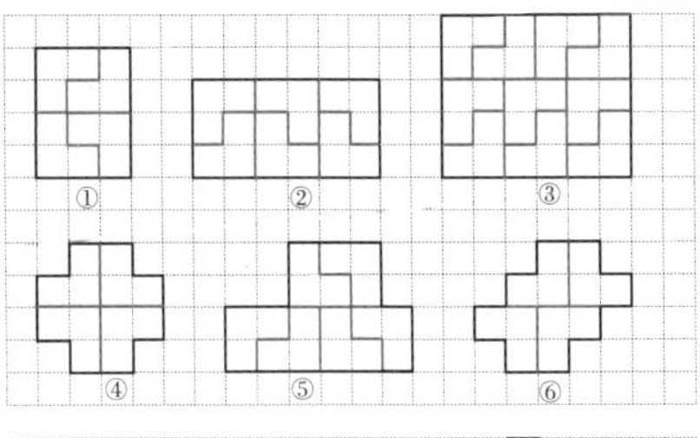

第 5 题，

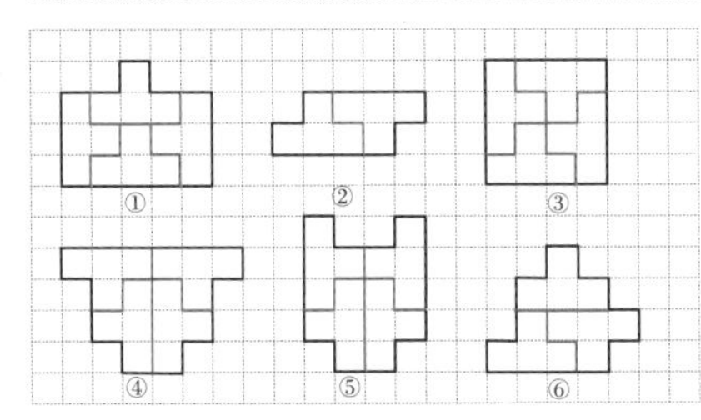

挑战台，

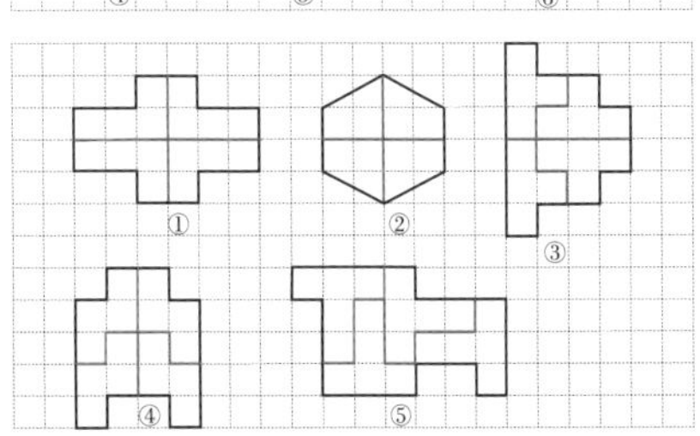

【35】图形的辨析（P104—106）

第 1 题，

第 2 题，

挑战台，

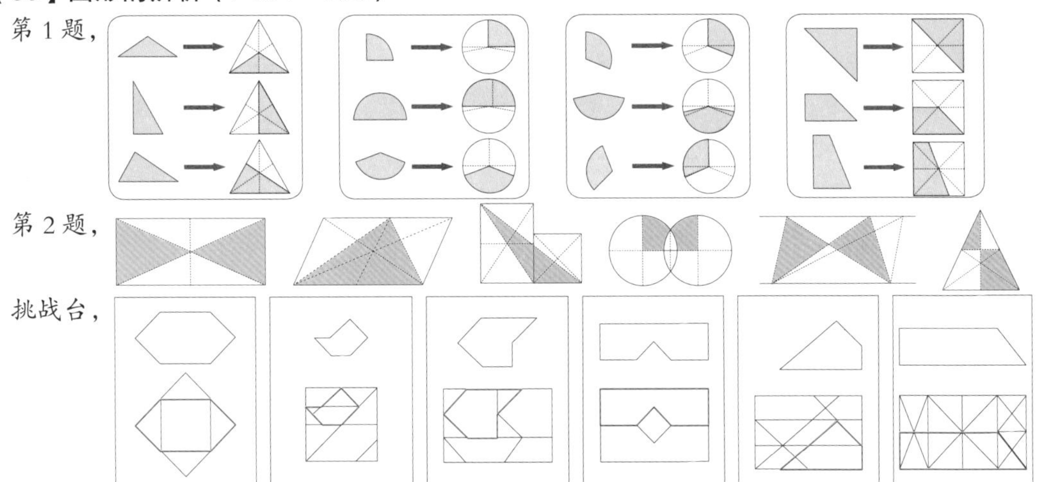

【36】综合练习（一）（P107—109）

第 1 题，

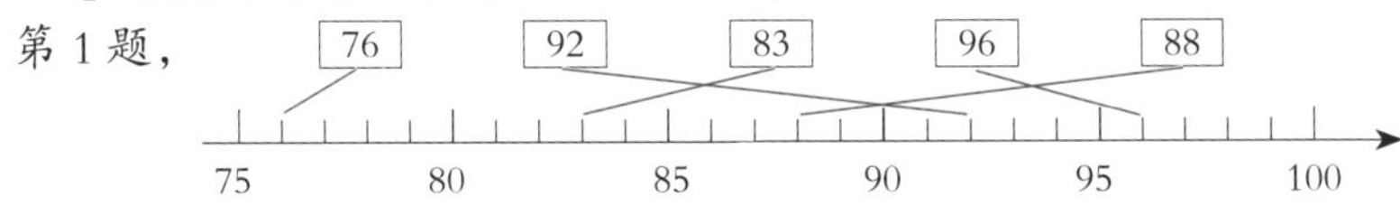

第 2 题，（1）升序排列，相邻数之间差为 2，55，57，59，61。

（2）升序排列，相邻数之间差为 5，55，60，65，70。

（3）升序排列，相邻数之间差为 6，53，59，65，71。

（4）降序排列，相邻数之间差为 3，79，76，73，70。

（5）降序排列，相邻数之间差为 8，60，52，44，36。

第 3 题，

	35				47
35	38	41	44	47	50
	41				53
41	44	47	50	53	56
	47		53		59
	50		56		62
50	53	56	59	62	65

第 4 题，

8	32	6	10	30	24
32	7	34	8	32	6
31	9	3	37	6	24
9	35	30	10	8	32
35	5	31	9	33	7

第 5 题，14　17，41　47，71　74。　25　28，52　58，82　85。　36　39，63　69，93　96。

第 7 题，

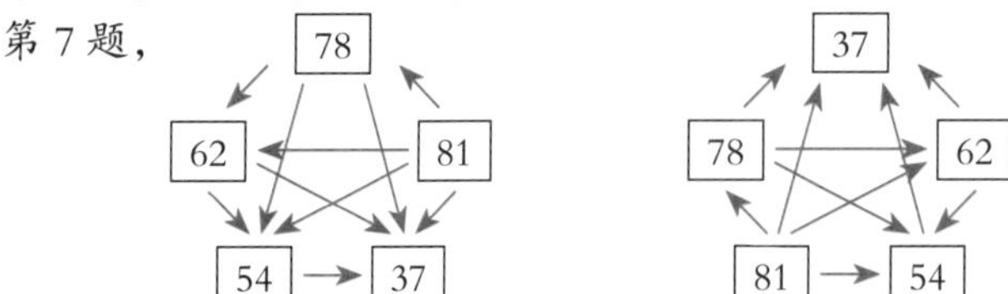

第 8 题，

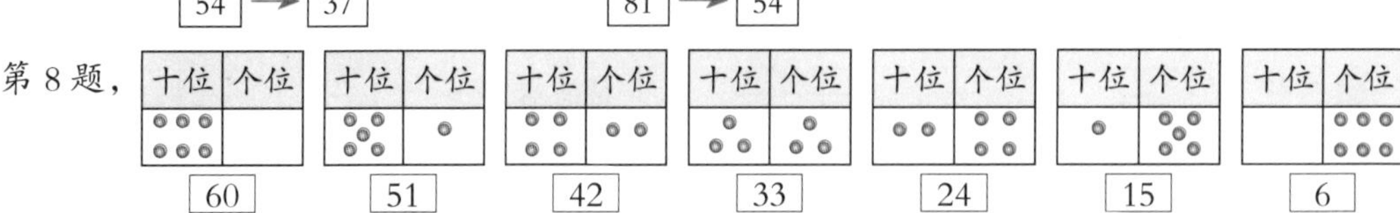

第 10 题，

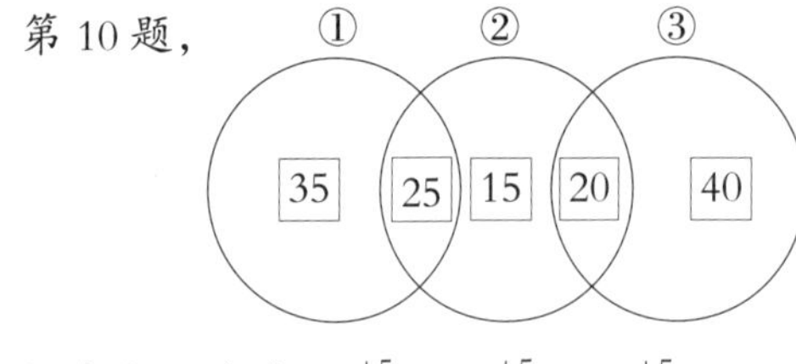

挑战台，（1）30 $\xrightarrow{+5}$ 35 $\xrightarrow{+5}$ 40 $\xrightarrow{+5}$ 45

30 $\xrightarrow{-3}$ 27 $\xrightarrow{-3}$ 24 $\xrightarrow{-3}$ 21

（2）

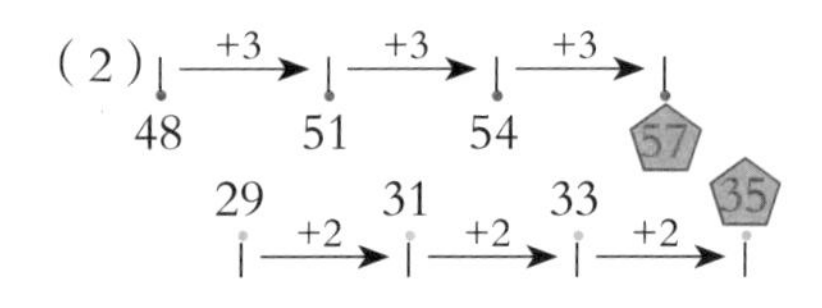

（3）1 $\xrightarrow{\times 2}$ 2 $\xrightarrow{\times 2}$ 4 $\xrightarrow{\times 2}$ 8 $\longrightarrow$ 16

1 $\xrightarrow{\times 3}$ 3 $\xrightarrow{\times 3}$ 9 $\xrightarrow{\times 3}$ 27

【37】综合练习（二）（P110—112）

第 1 题，构造等差数列，7 个数为一列，先确定中间数，再向两边延伸，构造差为 3，6，9 的数列。

公差为 3：69 $\xleftarrow{-3}$ 72 $\xleftarrow{-3}$ 75 $\xleftarrow{-3}$ 78 $\xrightarrow{+3}$ 81 $\xrightarrow{+3}$ 84 $\xrightarrow{+3}$ 87

公差为 6：47 $\xleftarrow{-6}$ 53 $\xleftarrow{-6}$ 59 $\xleftarrow{-6}$ 65 $\xrightarrow{+6}$ 71 $\xrightarrow{+6}$ 77 $\xrightarrow{+6}$ 83

公差为 9：30 $\xleftarrow{-9}$ 39 $\xleftarrow{-9}$ 48 $\xleftarrow{-9}$ 57 $\xrightarrow{+9}$ 66 $\xrightarrow{+9}$ 75 $\xrightarrow{+9}$ 84

第 2 题，35+7=42　42+24=66　66−16=50　50−7=43　43+4=47　47−5=42　42+8=50

第 3 题，32+8+53=93　53−7+21=67　45+53−32=66　6+45−9=42

第 4 题，

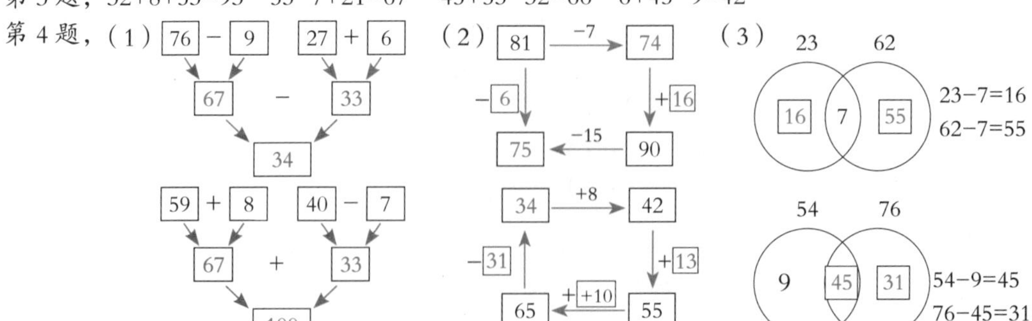

第 5 题，13−7=6　20−7=13　39−7=32　42−7=35　71−7=64

第 6 题，

56 − 9 = 47	67 − 5 = 62	46 + 7 = 53	57 + 4 = 61	（答案不唯一）
60 − 1 = 59	72 − 8 = 64	78 − 2 = 76	46 − 7 = 39	（答案不唯一）

挑战台，① 73−5=68　73−8=65　② 47−9=38　83−9=74　47−8=39　83−4=79

【38】综合练习（三）（P113—115）

第 2 题，15÷3=5　5+5+5=15　28÷4=7　7+7+7+7=28　45÷5=9　9+9+9+9+9=45

第 4 题，2×6=12　3×4=12　4×5=20　5×7=35

第 5 题，2×8=16　2×8=16　3×5+1=16　3×7+4=25　5×6=30

第 6 题，4×6=24　4×8=32　5×6=30　5×10=50

第 7 题，

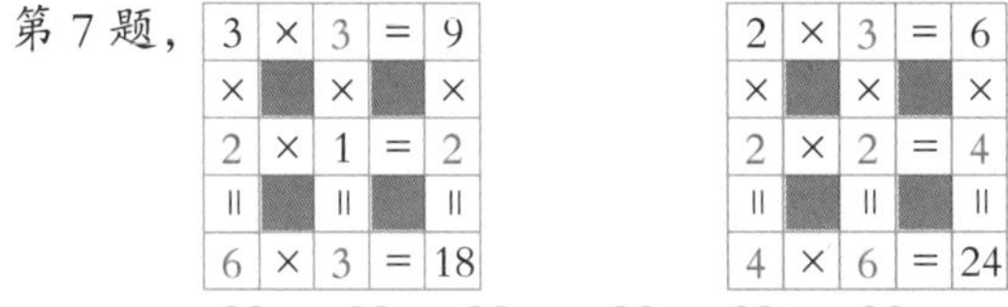

3	×	3	=	9
×		×		×
2	×	1	=	2
‖		‖		‖
6	×	3	=	18

2	×	3	=	6
×		×		×
2	×	2	=	4
‖		‖		‖
4	×	6	=	24

挑战台，♥ + ♥，♥ × ♥，♥ − ♥ =0，♥ ÷ ♥ =1，要使♥ × ♥ + ♥ ×2+1 =25，♥必须小于 5，经试验 4×4+4×2+1=25，♥ =4。同理，36=6×6，6−1=5，♣ =5，5×5+5×2+1=36。

【39】综合练习（四）（P116—118）

第 2 题，

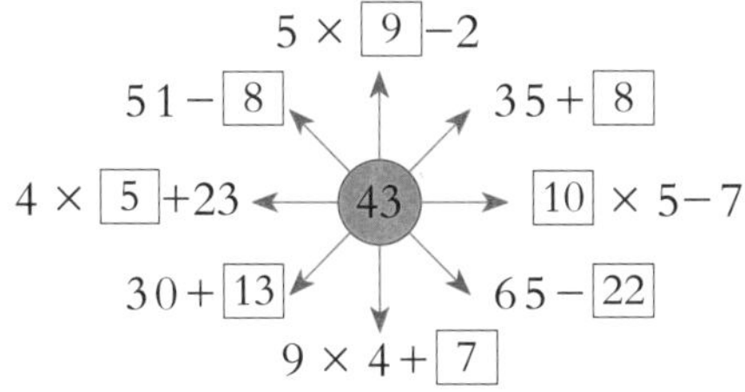

第 3 题，20，36，28，32，40，48　　5，26，12，19，33，61

第 4 题，

25−18=7	24−16=8	14÷7=2	14÷2=7
45−36=9	30−15=15	21÷3=7	45÷5=9
68−35=33	27−17=10	36÷4=9	32÷4=8
40−28=12	32−23=9	40÷5=8	30÷6=5
30−24=6	45−38=7	48÷8=6	63÷9=7

第 5 题，

9×2+5=23	3×6−9=9
4×7+9=37	5×7−7=28
10×5+13=63	4×10−5=35
3×8+6=30	6×9−14=40
(30−24=6)	(6×9−40=14)
4×9+8=44	8×4−10=22
(36÷4=9)	(32÷8=4)

第 6 题，（1） =48−35　=13　（2）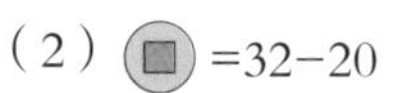 =32−20 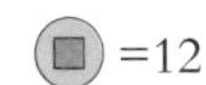 =12

挑战台，① ×3= ×5　 ×2= ×3　 ×5= ×2

② ♠ = ◆ ×3，♠ ×2+ ◆ = ◆ ×7　 ◆ ×9=  ♠ ×3　 ◆ ×15− ♠ = ♠ ×4

【40】综合练习（五）（P119—121）

第 1 题，（1）

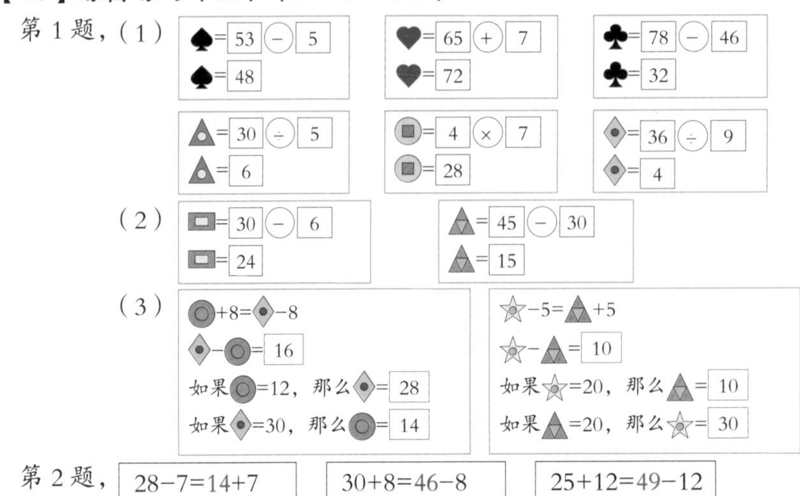

♠=53−5
♠=48
♥=65+7
♥=72
♣=78−46
♣=32
=30÷5
=6
=4×7
=28
=36÷9
=4
（2）
=30−6
=24
=45−30
=15
（3）
+8=−8
−=16
如果=12，那么=28
如果=30，那么=14
−5=+5
−=10
如果=20，那么=10
如果=20，那么=30

第 2 题，

28−7=14+7 28−14=7+7	30+8=46−8 46−30=8+8	25+12=49−12 49−25=12+12

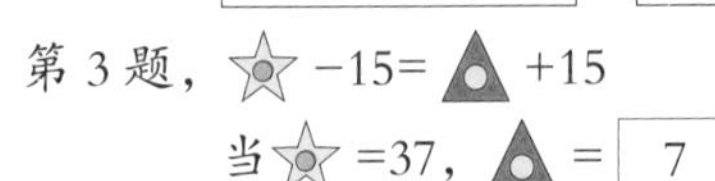

第 3 题，☆ −15= △ +15

当☆=37，△ = 7　　当△=24，☆ = 54

☆ + △ = 44　　☆ + △ = 78

☆ − △ = 30　　☆ − △ = 30

第 4 题，（1）21−5−9=7，7 分处。　（2）26−12−9=5，5 分处。

（3）28−12−7=9，9 分处。　（4）28−9−7=12，12 分处。

第 5 题，30=6+9+15，6，9，15 分处各 1 个。　35=6+9+20，6，9，20 分处各 1 个。

41=6+15+20，6，15，20 分处各 1 个。　44=9+15+20，9，15，20 分处各 1 个。

第 6 题，（1）9×2=18　30−18=12（元）　（2）35−15=20　20÷2=10（元）

（3）12+8=20　38−20=18　18÷2=9（元）

（4）9×2=18　18+12=30　42−30=12（元）

挑战台，锯子 27÷3=9（元）　锤子 9×2=18　30−18=12（元）

钳子 12×2=24　32−24=8（元）　扳手 28−8=20　20÷2=10（元）

螺丝刀 34 折半是 17　17−10=7（元）　小刀 8+7=15　26−15=11（元）

【41】综合练习（六）（P122—124）

第 2 题，（1）76 是由 7 个十和 6 个一组成的，最大的两位数是 99，99−76=23。

（2）与 59 相邻的两位数是 58 和 60。

（3）单数：37，65，41。十位上的数字和个位上的数字相差 3 的数：52，74。

（4）4×9 表示 4 个 9 相加，也可以表示 9 个 4 相加，4 的 9 倍是 36。

（5）8 翻倍是 16，32 翻倍是 64。　18 折半是 9，48 折半是 24。

第 3 题，80 = 46+34　72−9 < 65　48+7 > 52　8 元 7 角 > 7 元 8 角　5 角 +9 角 < 1.50 元

第 4 题，（1）一位数乘一位数与整十数乘一位数的比较。

2×3=6，2 个 1×3 等于 6 个 1。　20×3=60，2 个 10×3 等于 6 个 10。

（2）整十数乘一个数，一位数乘一个数，把整十数与一位数合起来乘一个数。

10×7=70 2×7=14	10×3=30 8×3=24	20×4=80 3×4=12
12×7=84	18×3=54	23×4=92

使孩子初步感受乘法分配律，并为学习两位数乘一位数的计算方法积累经验。

第 5 题，47 ← 52，52 → 35，60 → 47，60 → 52，47 → 35，60 → 35

第 6 题，

24+8=40−8	58−15=28+15	40−9=22+9	28+12=52−12
32+8=48−8	76−15=46+15	58−9=40+9	30+12=54−12
50+8=66−8	82−15=52+15	79−9=61+9	54+12=78−12
73+8=89−8	95−15=65+15	90−9=72+9	75+12=99−12

第 7 题，（1）● =48−26=22　（2）◆ =10，☆ =46

（3）● =8，▲ =9　（4）♥ =14，♠ =16，♣ =9

第 8 题，（1）圆锥 =2 个球　长方体 =4 个球　（2）圆柱 =4 个圆锥

挑战台，①已知圆锥 = 球 ×5，圆柱 = 圆锥 ×3，长方体 = 圆柱 + 圆锥，推断长方体 = 圆锥 ×4，长方体 = 球 ×20。

② 圆柱 = 圆锥 ×2　圆锥 = 正方体 ×1　③ 圆柱 = 球 ×12

【42】综合练习（七）（P125—128）

第 1 题，36、43、55、49、61（标在数轴上，数轴刻度 30、40、50、60）

36 < 43 < 49 < 55 < 61

第 2 题，（1）♠比♥多 16，4×4=16　（2）♣比♠多 28，7×4=28

第 3 题，② 4→12，③ 5→15，④ 8→24，⑤ 7→21，⑥ 9→27，⑦ 12→36。

第 4 题，有 18 对圆。

①与②　①与③　②与③

②与④　②与⑤　④与⑤

③与⑤　③与⑥　⑤与⑥

④与⑦　④与⑧　⑦与⑧

⑤与⑧　⑤与⑨　⑧与⑨

⑥与⑨　⑥与⑩　⑨与⑩

第 5 题，（1）3× □ =32−5

□ =27 ÷ 3

□ =9

（2）52−32= ◎ ÷4

◎ =20×4

◎ =80

（3）▣ ×5=28+7

▣ =35 ÷ 5

▣ =7

（4）32 ÷ 4=54− △

△ =54−8

△ =46

（5）①式 − ②式得：☆ + ☆ + ◆ + ◆ =32。

32 折半，☆ + ◆ =16，☆ =32−26=6，◆ =16−6=10。

第 6 题，4× 6 +5=29，29−5=24，24 ÷ 4=6

5 ×9−8=37，37+8=45，45 ÷ 9=5

39=5×7+ 4 ，5×7=35，39−35=4

28=3×[8]+4，28−4=24，24÷3=8

第 7 题，（1）54−9=45　　76−9=67　　84−9=75

87−9=78　　43−9=34　　57−9=48

（2）45+8=50+[3]（+5，−5）　　23+9=20+[12]（−3，+3）

一个加数增加或减少一个数，另一个加数减少或增加相同的数，和不变。为探索两位数加两位数进位加的计算方法提供了思路。

45+18=50+13	23+19=20+22	38+46=40+44	54+28=50+32
45+18=40+23	23+19=30+12	38+46=30+54	54+28=60+22
45+18=20+43	23+19=10+32	38+46=50+34	54+28=30+52
45+18=10+53			54+28=20+62

挑战台，

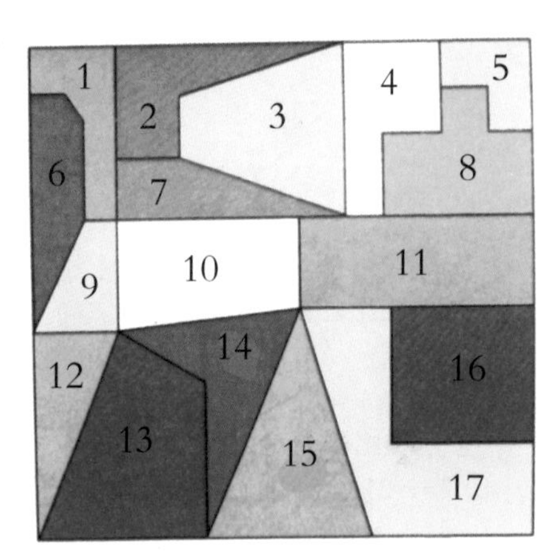

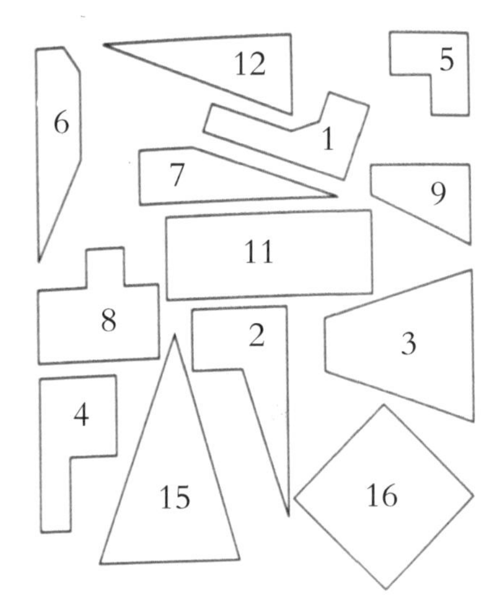

2 15 个苹果，吃掉□个，剩下□个。

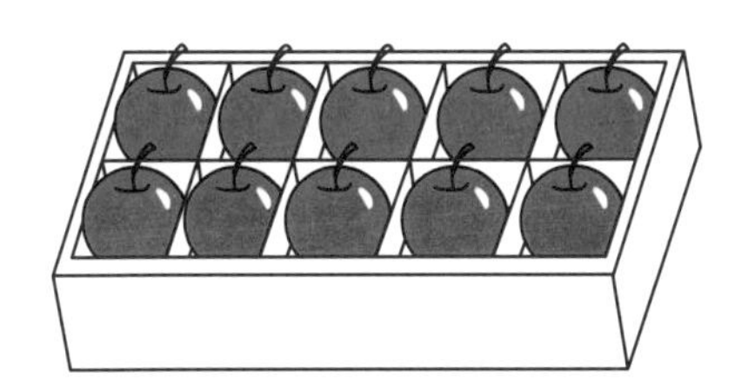

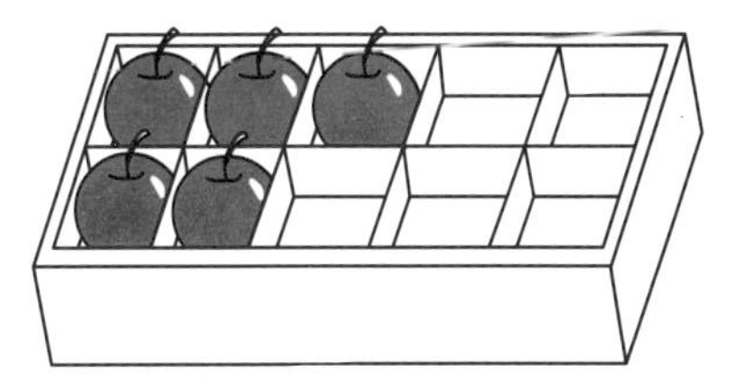

吃掉 6 个，剩下□个。

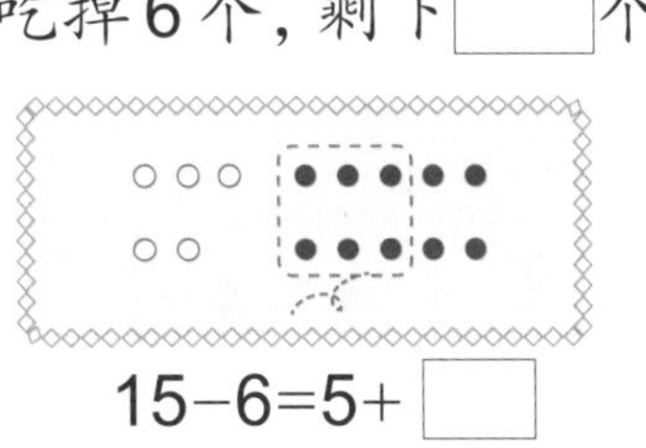

$15-6=5+\square$
$=\square$

吃掉 7 个，剩下□个。

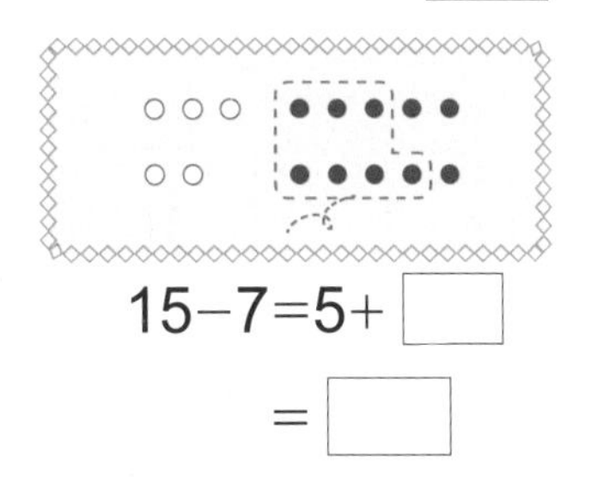

$15-7=5+\square$
$=\square$

吃掉 8 个，剩下□个。

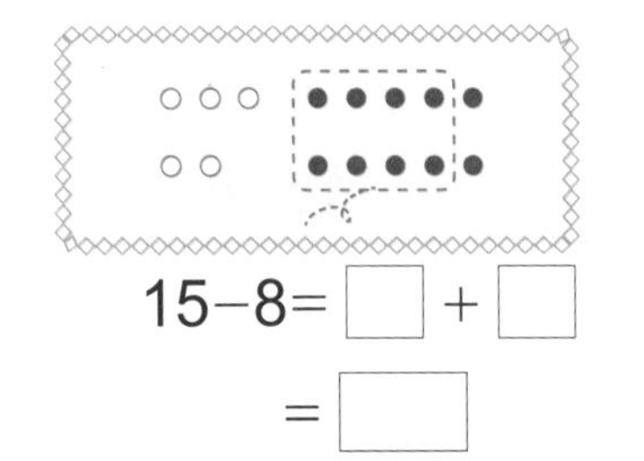

$15-8=\square+\square$
$=\square$

吃掉 9 个，剩下□个。

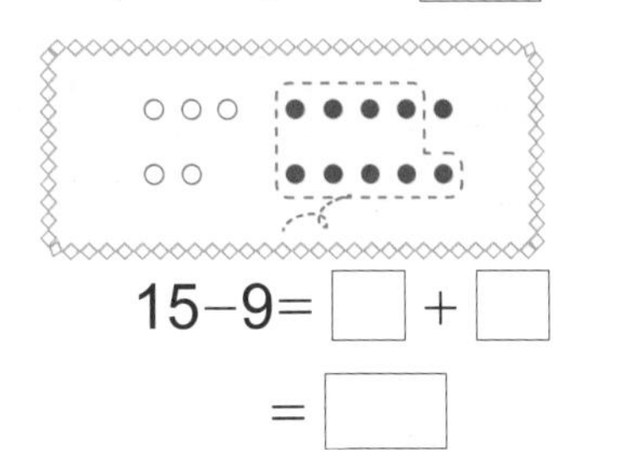

$15-9=\square+\square$
$=\square$

3 看图填空，说出计算方法。

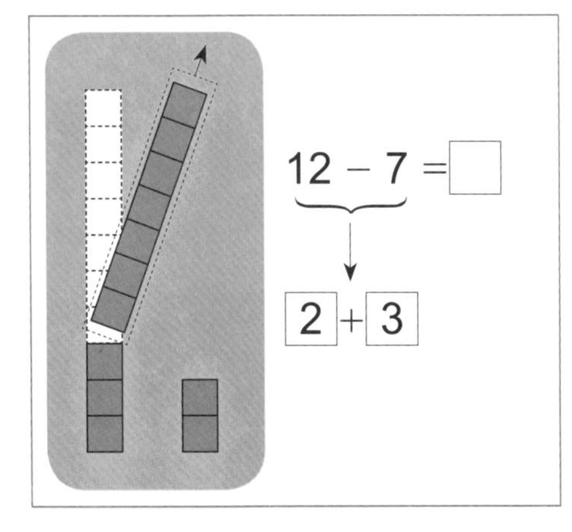

$12-7=\square$

2 + 3

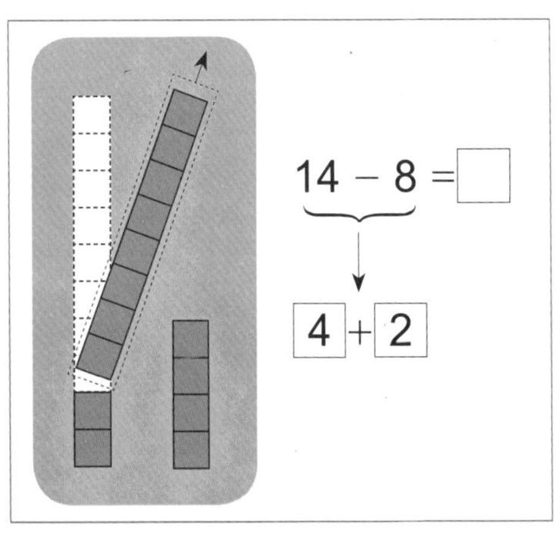

$14-8=\square$

4 + 2

4 在空格里填数。

12−3= 2 + □
　　= □

12−4= □ + □
　　= □

12−5= □ + □
　　= □

11−6= 1 + □
　　= □

11−8= □ + □
　　= □

11−3= □ + □
　　= □

16−7= 6 + □
　　= □

16−9= □ + □
　　= □

17−9= □ + □
　　= □

5 算一算，看一看，这些算式有什么规律。

13−6=
13−7=
13−8=
13−9=

12−8=
13−8=
14−8=
15−8=

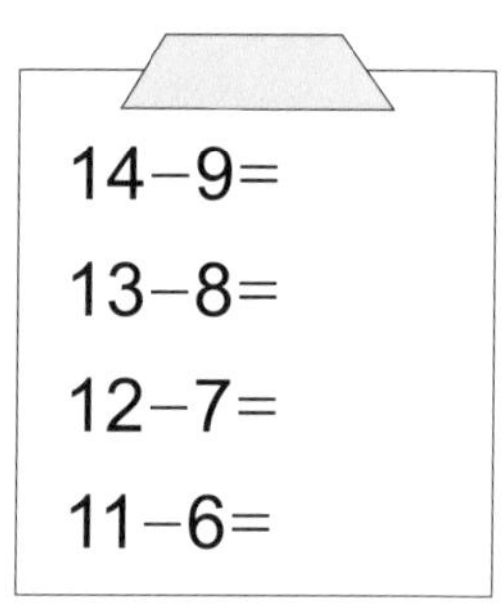
14−9=
13−8=
12−7=
11−6=

挑战台

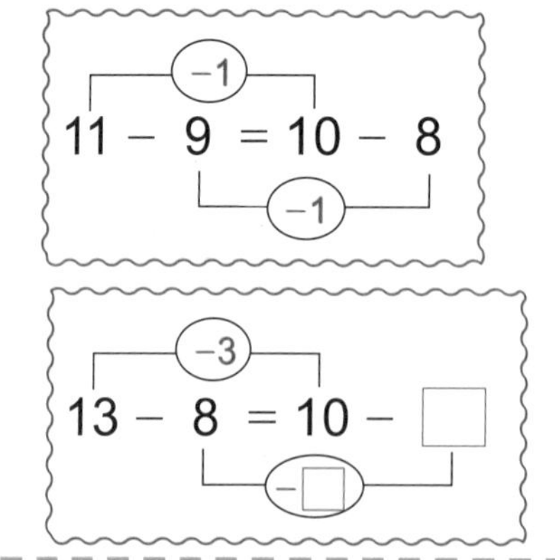

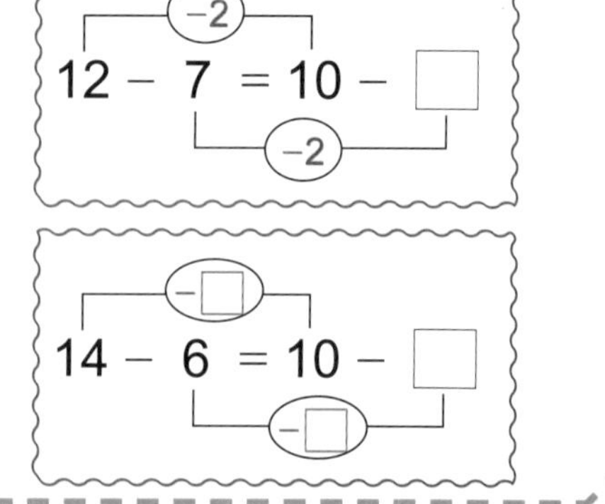

【2】

加与减（一）

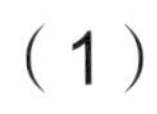

1 看图写算式。

（1）

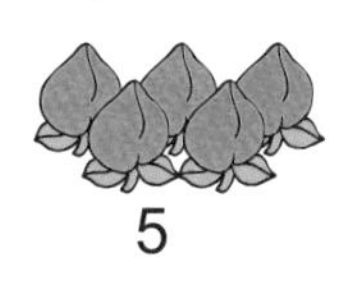

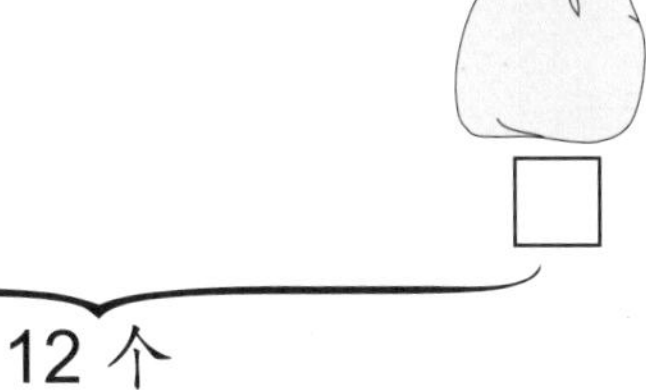

5　　□

12 个

5 + □ = 12 ⟶ 12 − 5 = □

（2）

11本

□ + 3 = 11 ⟶ 11 − 3 = □

4 + □ = 12 ⟶ 12 − □ = □

6 + □ = 13 ⟶ 13 − □ = □

8 + □ = 16 ⟶ 16 − □ = □

7 + □ = 14 ⟶ 14 − □ = □

2 比一比，填一填。

5 + □ = 12 12 − 5 = □	6 + □ = 14 14 − 6 = □	8 + □ = 17 17 − 8 = □

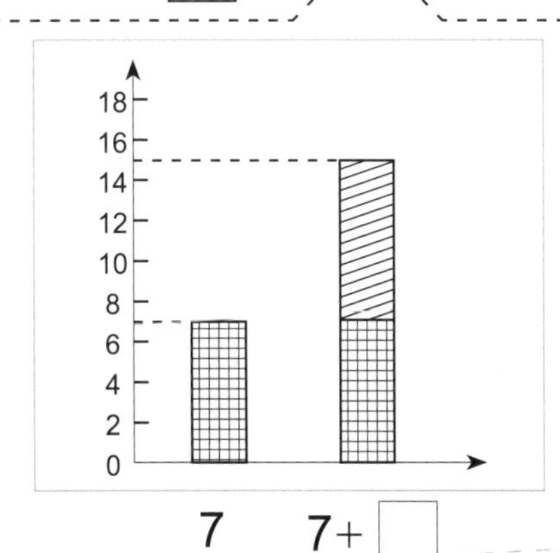

7　　7 + □

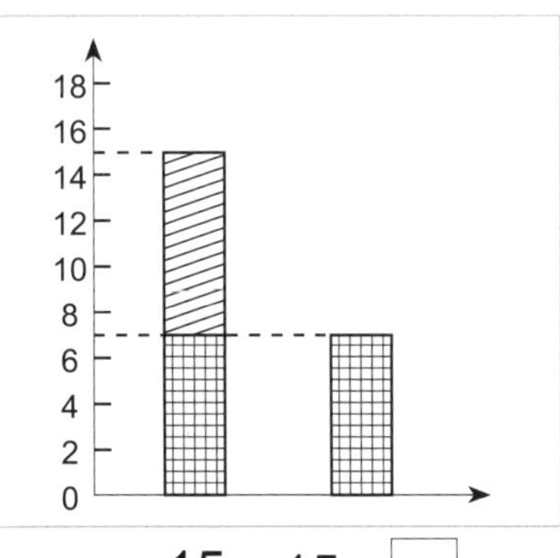

15　　15 − □

3 在每个圆里选一个数填在空格里，使等式成立。

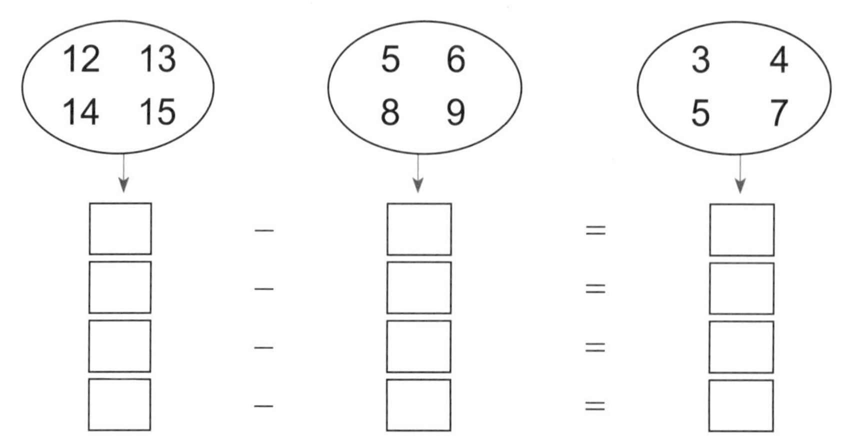

□ - □ = □
□ - □ = □
□ - □ = □
□ - □ = □

4 使花瓣上的算式和花蕊上的数相等，在□里该填几？

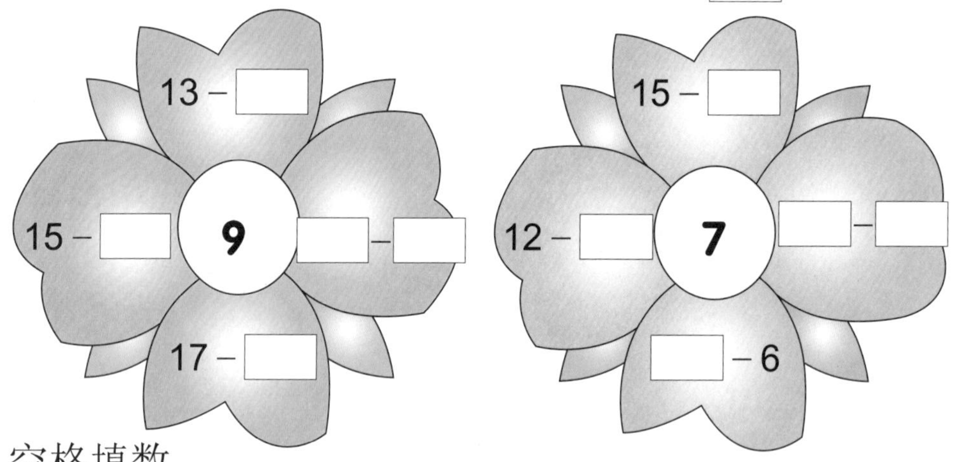

5 空格填数。

11 - □ = 6 14 - □ = 6	13 - □ = 5 12 - □ = 5	14 - □ = 8 16 - □ = 8

4	5	7
10 - □ = 4	11 - □ = 5	13 - □ = 7
□ - □ = □	□ - □ = □	□ - □ = □
□ - □ = □	□ - □ = □	□ - □ = □
□ - □ = □	□ - □ = □	□ - □ = □

⑥ 求图形表示的数。

▲+ 5 =12
▲=□○□
▲=□

●+ 7 =13
●=□○□
●=□

8+ ■ =15
■=□○□
■=□

12 − ♠ =7
♠=□○□
♠=□

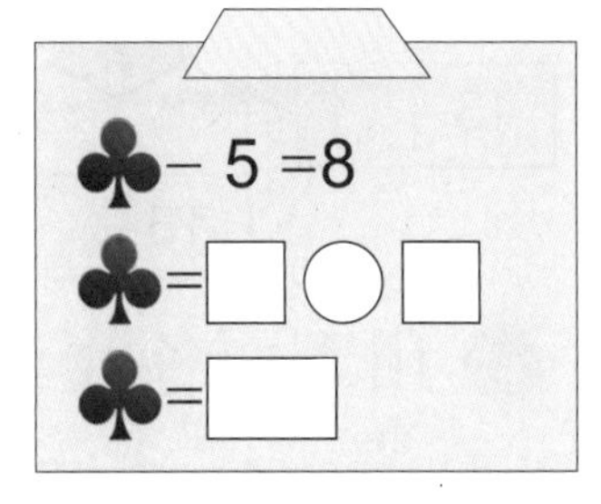

♥− 3 =9
♥=□○□
♥=□

♣− 5 =8
♣=□○□
♣=□

⑦ 比一比，填一填。

10 − 2=□　□ + 2=10
20 − 2=□　□ + 2=20

10 − 7=□　□ + 7=10
20 − 7=□　□ + 7=20

挑战台

先填第一行、第一列空格内的数，再填其他空格内的数。

+	6		5
	13		
8		12	
			11

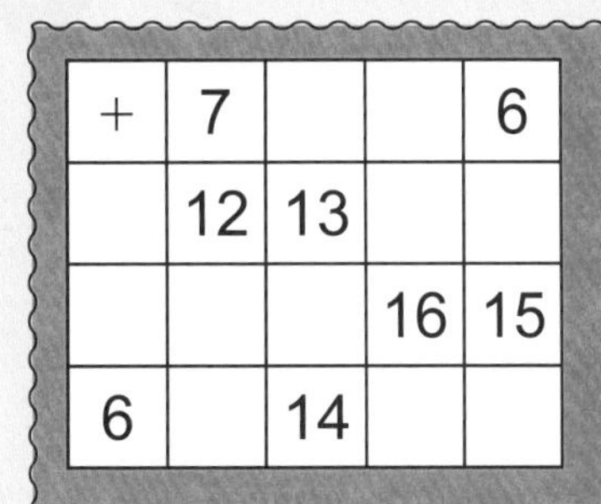

+	7			6
	12	13		
			16	15
6		14		

13−6=□
12−8=□
11−5=□

12−7=□　13−□=□
15−6=□　16−□=□
14−6=□

【3】

加与减（二）

1 填空。

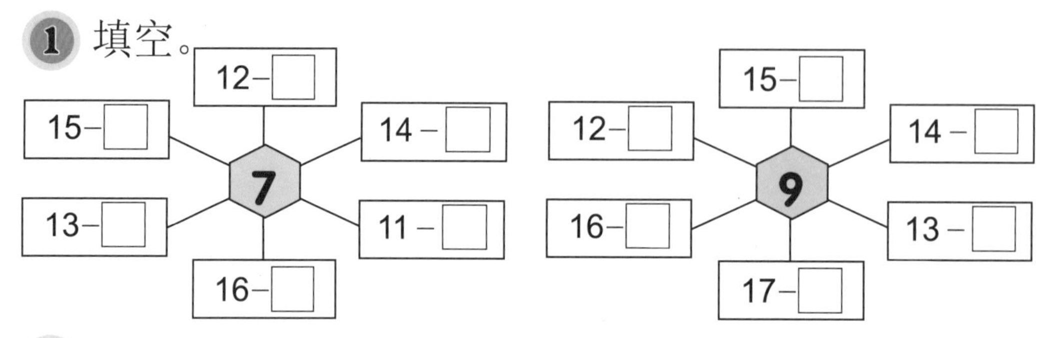

2 用下面各数写出得数是 8 的算式。

1，2，3，4，6，7，10，12，13，15

3 在□里填合适的数，使花瓣上的算式和花蕊上的式子的得数相等。

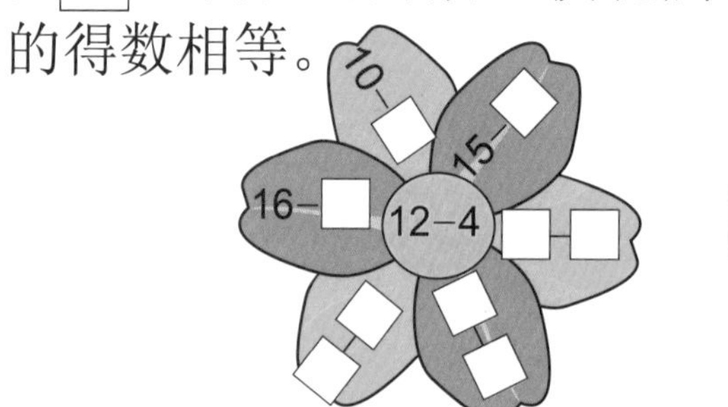

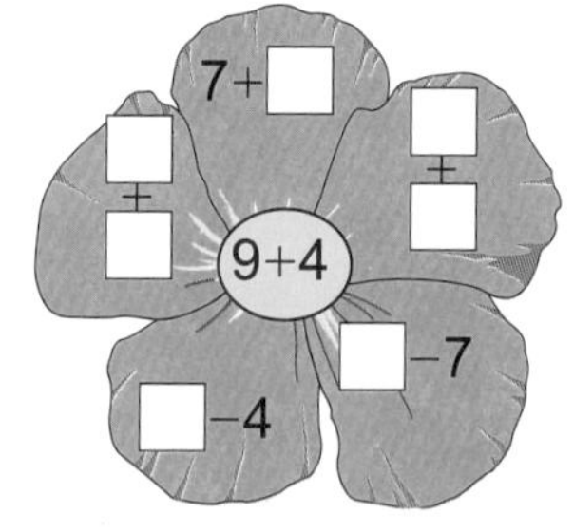

12–4 ＝ 10–□　　9+4 ＝ 7+□

12–4 ＝ 15–□　　9+4 ＝□–4

12–4 ＝ 16–□　　9+4 ＝□–7

4 12 – 2 = ● + ●　　● = □

11 – 5 = ▲ + ▲　　▲ = □

---

17 – ◇ = 3 + ◇　　◇ = □

3 + ☆ = 15 – ☆　　☆ = □

---

18 – ♠ = 2 + ♠　　♠ = □

2 + ♥ = 20 – ♥　　♥ = □

5 把计算结果等于中心数的算式与中心数连起来。

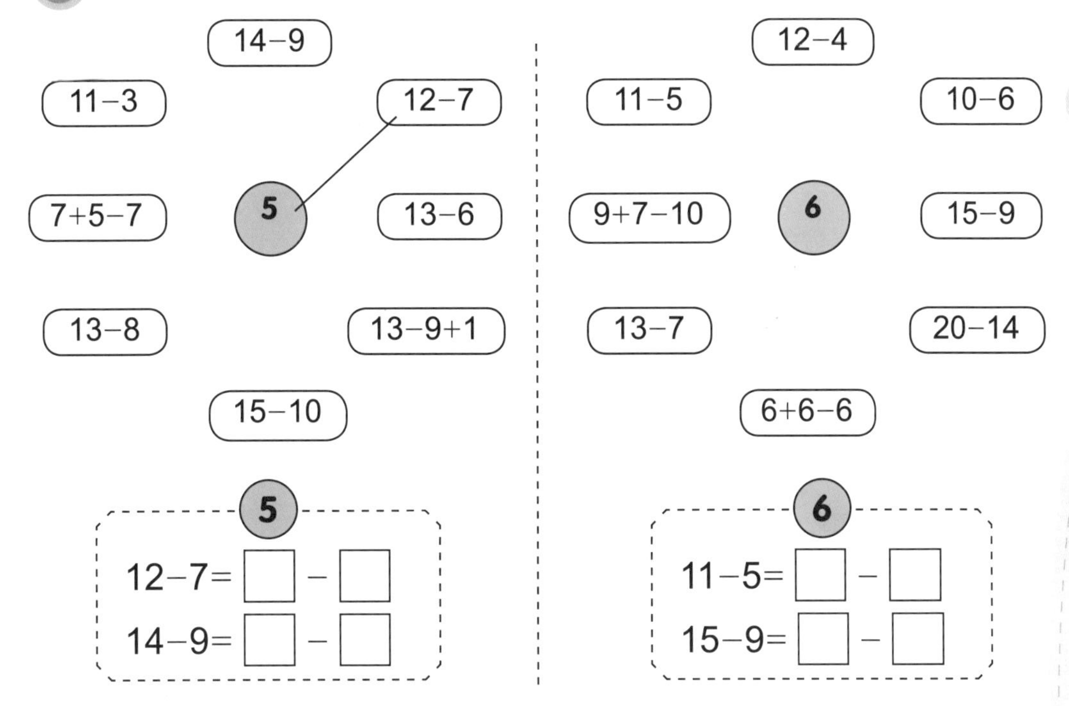

5

12−7=□−□

14−9=□−□

6

11−5=□−□

15−9=□−□

6 在□里填20以内的数。（每组各题内的数不能重复）

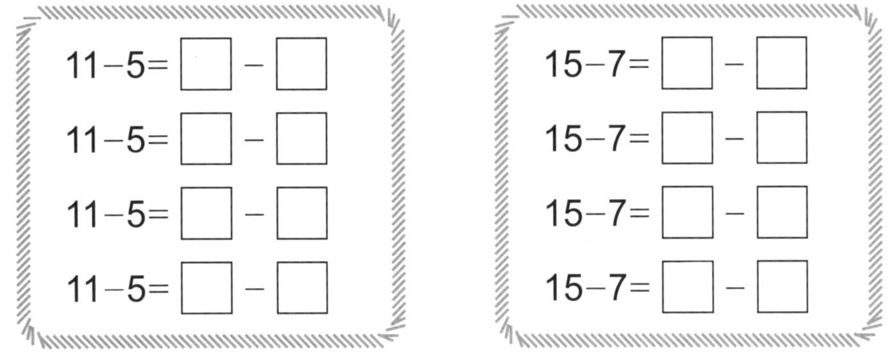

11−5=□−□

11−5=□−□

11−5=□−□

11−5=□−□

15−7=□−□

15−7=□−□

15−7=□−□

15−7=□−□

7 找到图形表示的数，并完成计算。

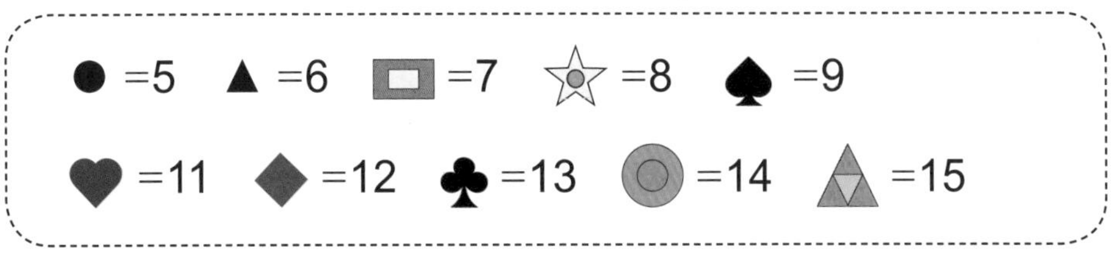

◆ + ☆ − ●　　　　▲ − ♠ + ▭

________　　　　________

♣ − ▭ + ▲　　　　♥ + ♠ − ☆

________　　　　________

8 下面各图形分别表示几？

（1）
3+ ♠ = ♥
♥ + ♠ + ♠ =18
♠ = □　♥ = □

（2）
▲ − 7 = ●
● + 5 = 13
● = □　▲ = □

（3）
12− ▲ − ▲ = ▲
◎ + ◎ + ▲ =20
▲ + ◎ −5= ☆
▲ = □　◎ = □
☆ = □

（4）
20− ✱ − ✱ =4
18− ✣ − ✣ = ✣
✱ + ✣ = ✚ + ✚
✱ = □　✣ = □
✚ = □

挑战台

从 1 ～ 9 这九个数中选八个数填空，每个数只能用一次。

12 − ○ − ○ = 1　　　　12 − ○ − ○ = 2

12 − ○ − ○ = 3　　　　12 − ○ − ○ = 2

【4】

加减练习

1 填入缺失的数与符号。

（1）

15	−		=	6
−		−		+
	+		=	
‖		‖		‖
8	+		=	15

（2）

6			=	13
			=	
‖		‖		‖
15			=	6

（3）

17			=	9
			=	
‖		‖		‖
9			=	19

（4）

15			=	8
			=	
‖		‖		‖
20			=	14

（5）

16			=	9
			=	
‖		‖		‖
7			=	16

（6）

13			=	5
			=	
‖		‖		‖
17			=	14

2 $9-3-3=\square$　　$12-4-4=\square$

$18-6-6=\square$　　$15-5-5=\square$

3 在每个圈里选三个数，写一个加法算式、两个减法算式。

5　8　7　12　13	4　7　9　13　16	6　3　8　11　14
□+□=□	□+□=□	□+□=□
□-□=□	□-□=□	□-□=□
□-□=□	□-□=□	□-□=□

4 在□里填合适的数。

（1）
$12-5=\square$
$13-\square=7$
$12-5=13-\square$

（2）
$15-9=\square$
$14-\square=6$
$15-9=14-\square$

（3）
$13-7=\square$
$15-\square=6$
$13-7=15-\square$

（4）
$14-6=\square$
$11-\square=8$
$14-6=11-\square$

5 用 3，4，5，6，7，8，9，11，12，13，14，15，16，17 与“－”“＝”，写出得数是 7 的相等的式子：□－□＝□－□，同一个数在一个相等的式子里只能用一次。

6 写出下列各图形所表示的数。

（1）

－7＝

－5＝8

＝□　＝□

（2）

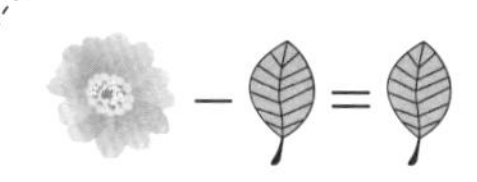

5＋　＝12

＝□　＝□

（3）

＋5＝12

－5＝2

＝□

（4）

9＋　＝15

9－　＝3

＝□

（5）

＋　＝11

－　＝7

＝□ 

（6）

－　＝6

挑战台

－5＝　＋3。

如果　＝14，那么　＝□；

＝12，那么　＝□。

如果　＝4，那么　＝□；

＝7，那么　＝□。

－　＝□

【5】

同数连加与乘法

1 看图写出连加算式。

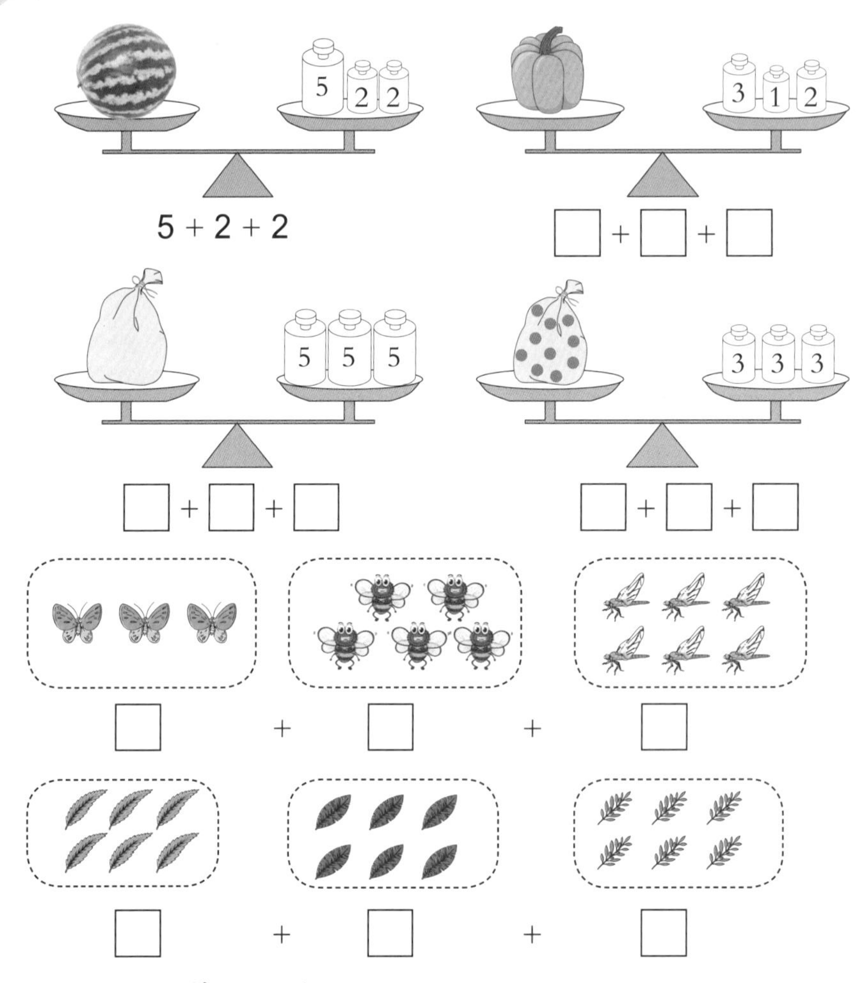

把上面的加法算式分成：

相同的数相加

不同的数相加

2 有多少个□?

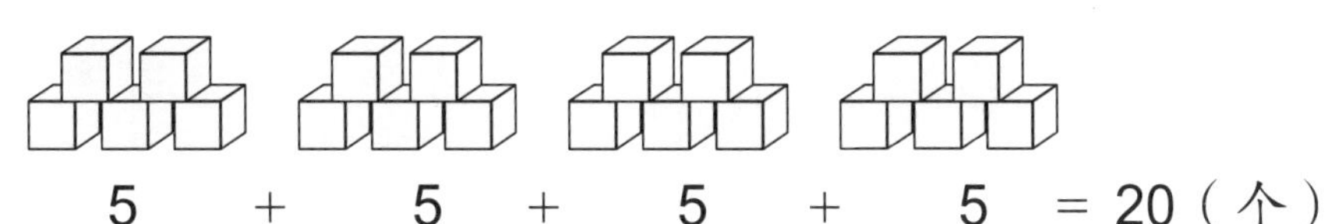

5 + 5 + 5 + 5 = 20(个)

5 是相同的加数,4 个 5 相加。

4 个 5 相加可写作 5×4,读作五乘四。

求几个相同加数的和可以用乘法计算。

$5 \times 4 = 20$

5:乘数 ×:乘号 4:乘数 20:积

3 一共有多少个球?

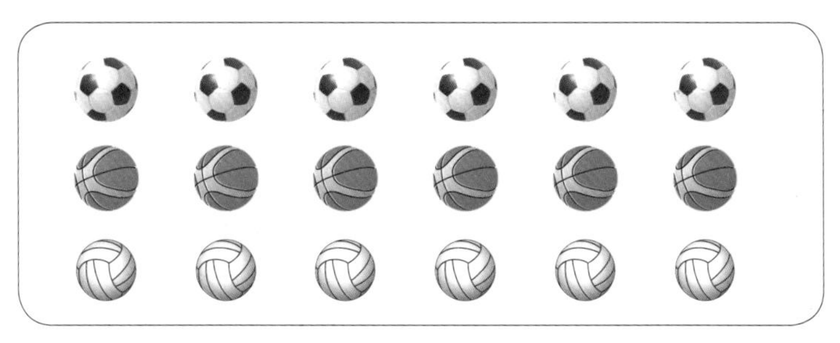

横看:每行6个,看作1份。

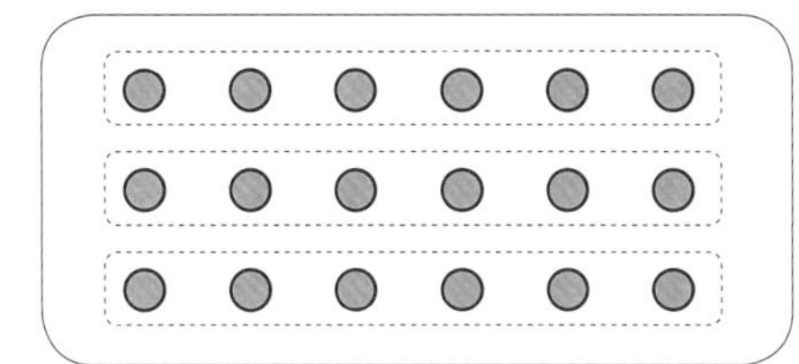

$\underbrace{6+6+6}_{3个6}=18$

1 份 —— 6
3 份 —— 18
$6\times3=18$

竖看:每列3个,看作1份。

$\underbrace{3+3+3+3+3+3}_{6个3}=18$

1 份 —— 3
6 份 —— 18
$3\times6=18$

3个6与6个3的意思不同,而计算结果相同,都可以用乘法算式来表示。

4 看图填乘式。

（1）

6 × □ = □

2 × □ = □

（2）

9 × □ = □

2 × □ = □

（3）

4 × □ = □

3 × □ = □

（4）

4 × □ = □

5 × □ = □

挑战台

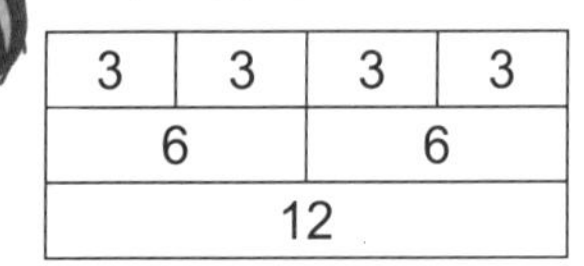

3	3	3	3
6		6	
12			

6 × □ = 12

3 × □ = 12

6 × □ = 3 × □

5	5	5	5
10		10	
20			

10 × □ = 20

5 × □ = 20

10 × □ = 5 × □

2	2	2	2	2	2
4		4		4	
12					

4 × □ = 12

2 × □ = 12

4 × □ = 2 × □

2	2	2	2	2	2	2	2	2	2
4		4		4		4		4	
20									

4 × □ = 20

2 × □ = 20

4 × □ = 2 × □

【6】

平均分与除法

1 8个梨 分成 2 份，可以怎么分？

每份分得不一样多。

8−2−6=0

8−3−5=0

每份分得一样多。

每 2 个 1 份，可以分 4 份。

8−2−2−2−2=0

8里面有 □ 个2。

每 4 个 1 份，可以分 2 份。

8−4−4=0

8里面有 □ 个4。

8 ÷ 2 = 4

被除数　除数　商

8 ÷ 4 = 2

除号

每份分得一样多叫平均分。用除法计算平均分得的结果。

2 圈一圈，再填数。

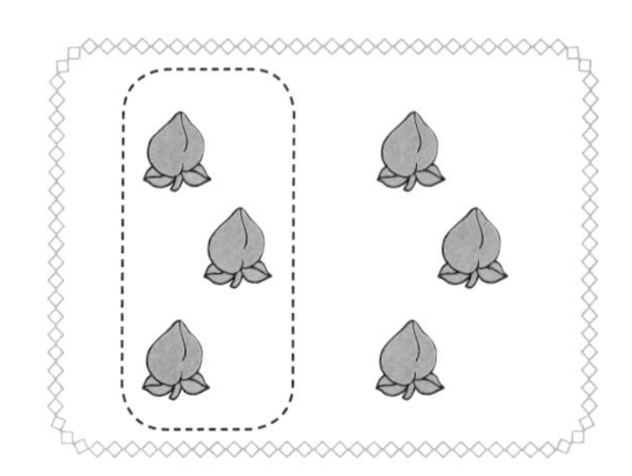

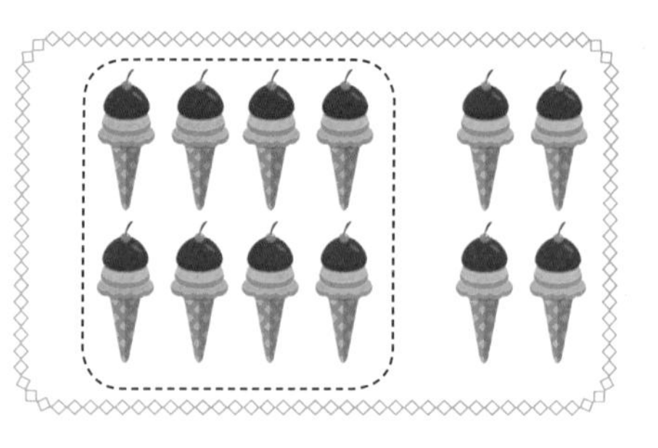

6 里面有□个 3？

6 = 3 × □

6 ÷ 3 = □

12 里面有□个 6？

12 = 6 × □

12 ÷ 6 = □

3 把 6 个月饼平均放在 2 个盘子里，每个盘里放几个？

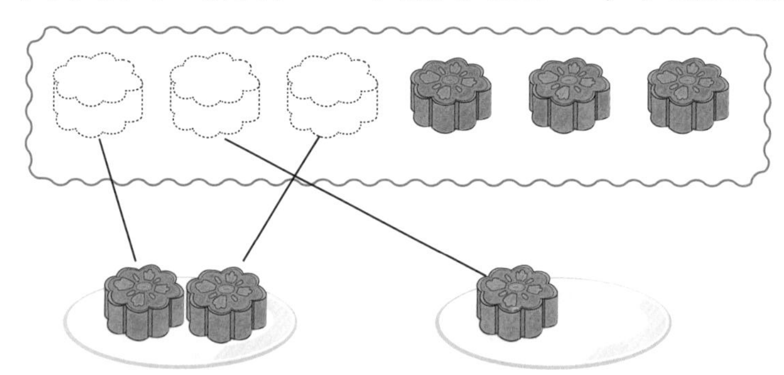

用除法算：6 ÷ 2=3，__________

读作：6 除以 2 等于 3。

表示：把 6 平均分成 2 份，每份是 3。

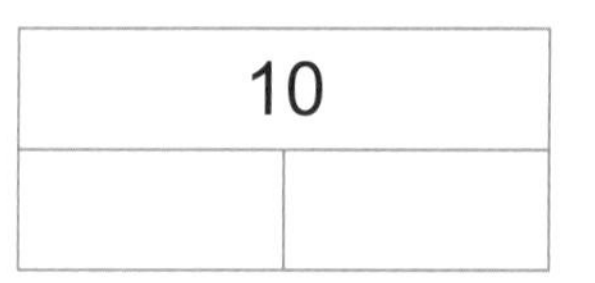

4

12	
6	6

12 ÷ 2=6

把 12 平均分成 2 份，每份是 6。

10	

10 ÷ 2= □

把 10 平均分成 2 份，每份是□。

5

12		

$12\div\square=\square$

把12平均分成□份，每份是□。

12			

$12\div\square=\square$

把12平均分成□份，每份是□。

6 把12个桃子和12个梨平均分。

（1）把12个桃子平均分，每袋装3个，可以装几袋。

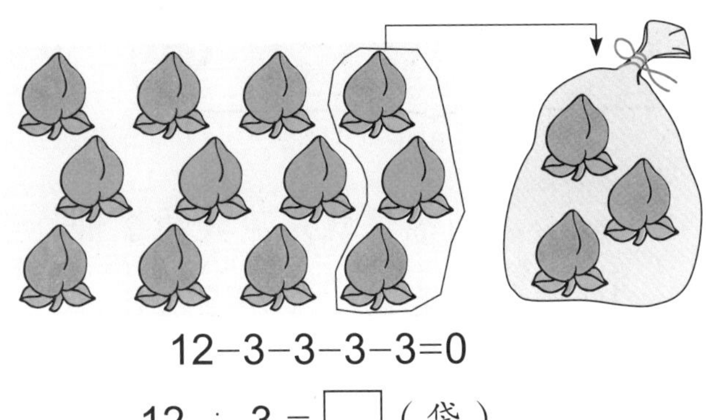

$12-3-3-3-3=0$

$12\div3=\square$（袋）

12里有□个3。

（2）把12个梨分成4盘，每盘放几个。

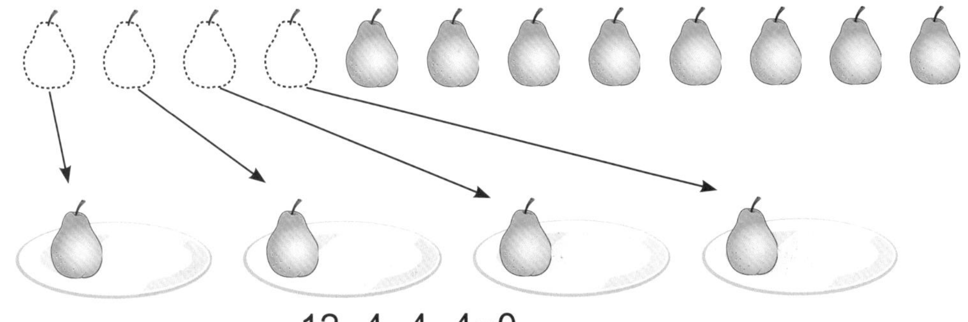

$12-4-4-4=0$

$12\div4=\square$（个）

把12平均分成4份，每份是□个。

【7】

认识倍

1

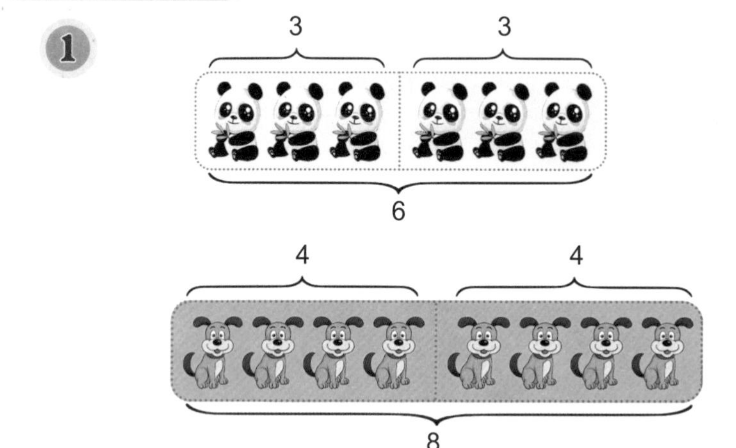

3 的翻倍是 6。

$3\times2=6$

4 的翻倍是 8。

$4\times2=8$

一个数的翻倍就是原数的 2 倍。

10 的翻倍是 20，$10\times2=20$。

2

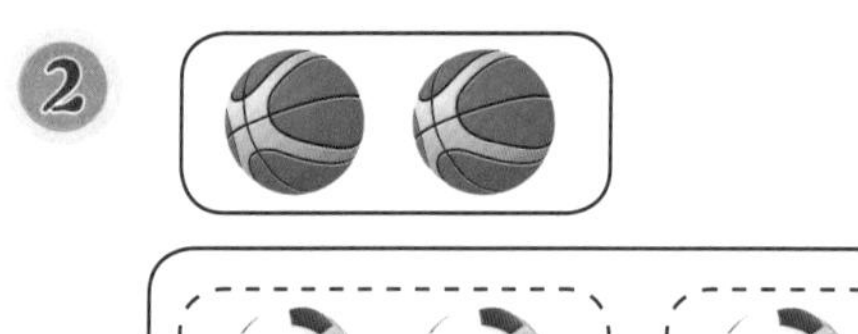

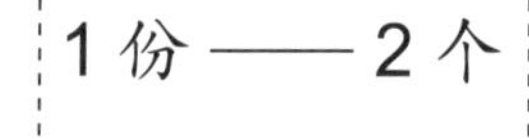

1 份 —— 2 个

3 份 —— 6 个

把2个篮球看作1份，足球的个数有这样的3份，我们就说足球的个数是篮球的3倍。

1 —— 5

4 —— □

$5+5+5+5=20$　　$5\times4=20$

4个5相加是□，也就是5的4倍是□。

4

$3+3+3+3=\square$

$3\times4=\square$

3 的□倍是□。

$4+4+4=\square$

$4\times3=\square$

4 的□倍是□。

5

12			
6		6	
3	3	3	3

12 是 6 的2倍，6 的 2 倍是 12。

12 是 3 的□倍，3 的□倍是 12。

12					
4		4		4	
2	2	2	2	2	2

12 是 4 的 3 倍，4 的 3 倍是 12。

12 是 2 的□倍，2 的□倍是 12。

6 （1）钢笔4支，圆珠笔的支数是钢笔的3倍，圆珠笔有多少支？

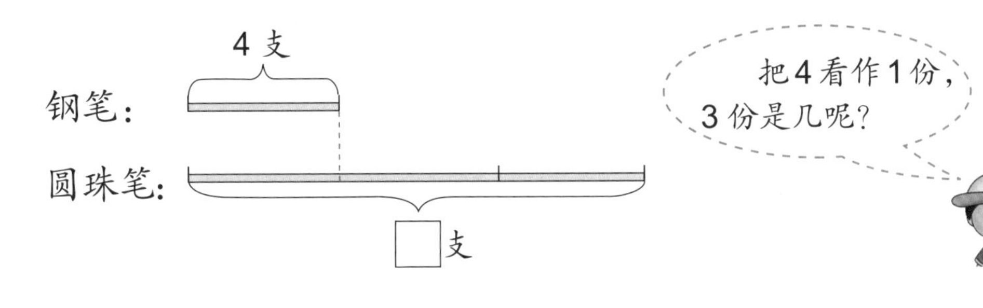

1 倍 —— 4 支

3 倍 —— □支

$4\times\square=\square$（支）

（2）圆珠笔12支，毛笔3支，圆珠笔的支数是毛笔的几倍？

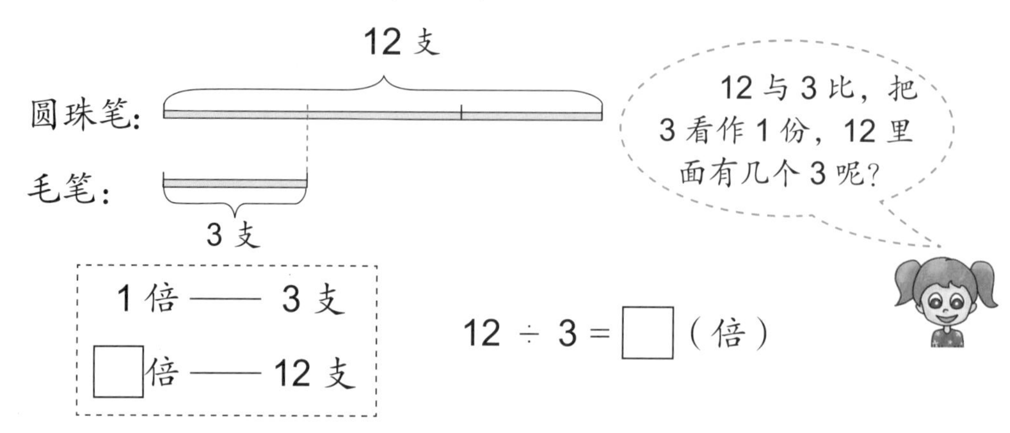
12 支
圆珠笔:
毛笔:
3 支
12 与 3 比，把 3 看作 1 份，12 里面有几个 3 呢？

1 倍 —— 3 支

□倍 —— 12 支

12 ÷ 3 = □（倍）

7 （1）有4辆面包车，小汽车的辆数是面包车的几倍，小汽车有8辆。

1 倍 —— 4 辆

□倍 —— 8 辆

4 × □ = 8

8 ÷ 4 = 2

（2）有5头牛，猪的头数是牛的几倍，猪有15头。

1 倍 —— 5 头

□倍 ——15 头

5 × □ = 15

15 ÷ 5 = □

挑战台

①第一行摆 4 个正方形，第二行摆圆，圆的个数是正方形的 3 倍，要摆□个圆。

②如果第一行的正方形再加 2 个正方形，那么第二行圆的个数是正方形的□倍。

【8】

2的乘法口诀

1 自行车的辆数与轮子个数的关系。

1辆自行车有2个轮子。

$2\times1=2$

口诀：一二02

2辆自行车有4个轮子。

$2\times2=4$

口诀：二二04

4辆自行车有8个轮子。

$2\times4=8$

口诀：二四08

填一填：

$2\times1=2$ $2\times2=4$ $2\times3=$ 6	$2\times1=2$ $2\times4=8$ $2\times5=$ 10	$2\times2=$ □ $2\times5=10$ $2\times7=$ □	$2\times4=$ □ $2\times5=$ □ $2\times9=$ □

自行车辆数	1	2	3	4	5	6	7	8	9
轮子个数	2	4		8					

2

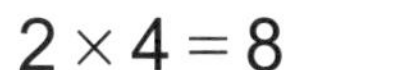

$2\times4=8$　　　$4\times2=8$

$2\times4=4\times2$

2×4与4×2的积相同，计算时可以用同一口诀：二四08。

3 编 2 的乘法口诀。

$2\times2=4$	二二（ 04 ）	$2\times2=4$
$2\times3=6$	二三（ 06 ）	$3\times2=6$
$2\times4=8$	二四（ 08 ）	$4\times2=8$
$2\times5=10$	二五（ ）	$5\times2=10$
$2\times6=12$	二六（ ）	$6\times2=12$
$2\times7=14$	二七（ ）	$7\times2=14$
$2\times8=16$	二八（ ）	$8\times2=16$
$2\times9=18$	二九（ ）	$9\times2=18$

2格2格地跳，跳5次。

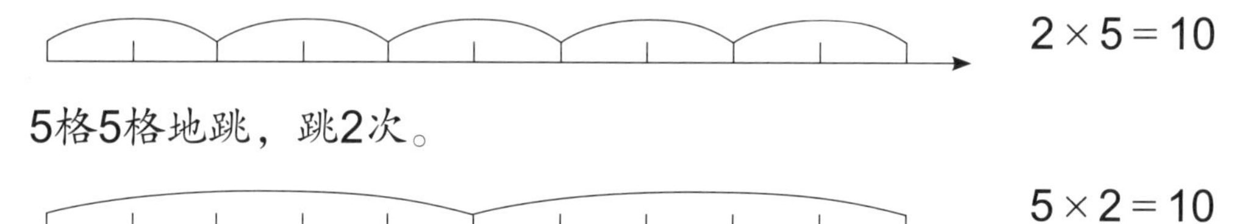

$2\times5=10$

5格5格地跳，跳2次。

$5\times2=10$

口诀：二五10

4 小朋友分🍎，每人 2 个。

7人要几个🍎？8人要几个🍎？

人数	1	7	8
🍎个数	2		

5

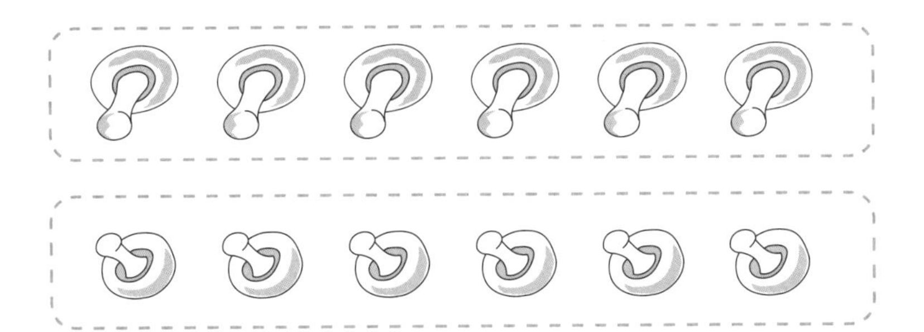

6+6=12　6×2=12，一个数翻倍，就是这个数乘2。

12−6=6　12÷2=6，一个数折半，就是这个数除以2。

6×□=12　　12÷6=2　　口诀：二六12

6

2×□=16 16÷2=□ 二（　）16	2×□=14 14÷2=□ 二（　）14	2×□=18 18÷2=□ 二（　）18
8×□=16 16÷8=□ （　）八16	7×□=14 14÷7=□ （　）七14	9×□=18 18÷9=□ （　）九18

挑战台

（1）✸=3＋3＋3＋3＋3＋3＋3

★=5＋5＋5＋5＋5＋5＋5

★比✸多（　　）

（2）♥=5＋5＋4＋4＋4

♠=7＋7＋6＋6＋6　　♠比♥多（　　）

【9】

乘加、乘减

1 花坛里有几朵花？

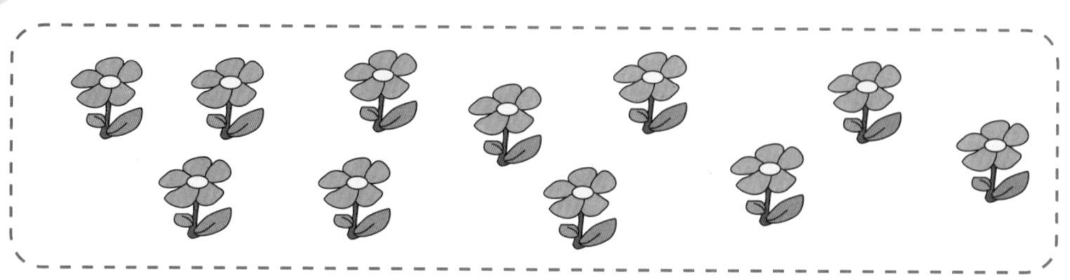

用 1 个 ● 表示 1 朵花。

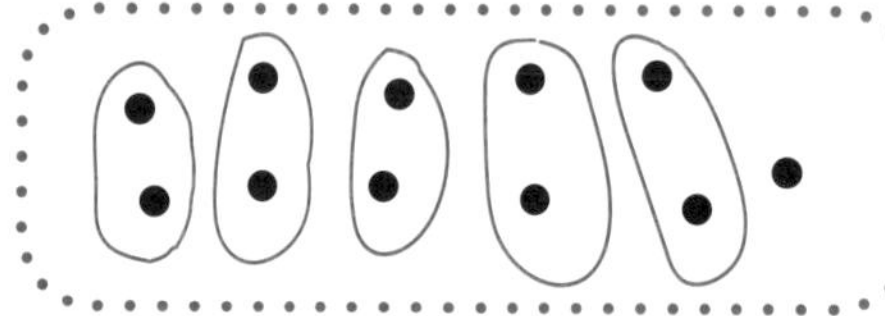

2 朵 2 朵地数，数 5 次，还多 1 朵

2×5+1=11（朵）

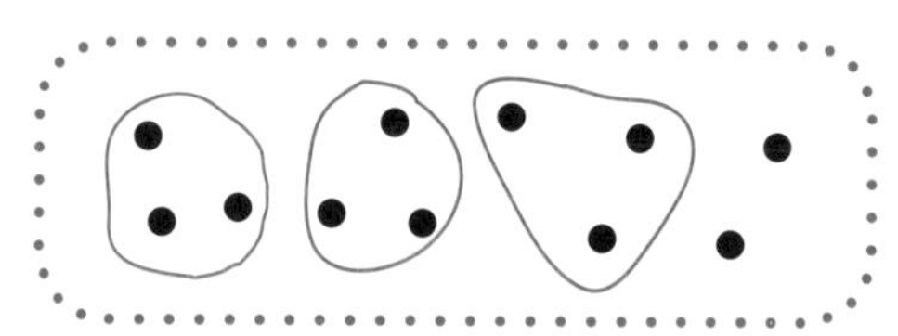

3 朵 3 朵地数，数□次，还多□朵

3×□+□=11（朵）

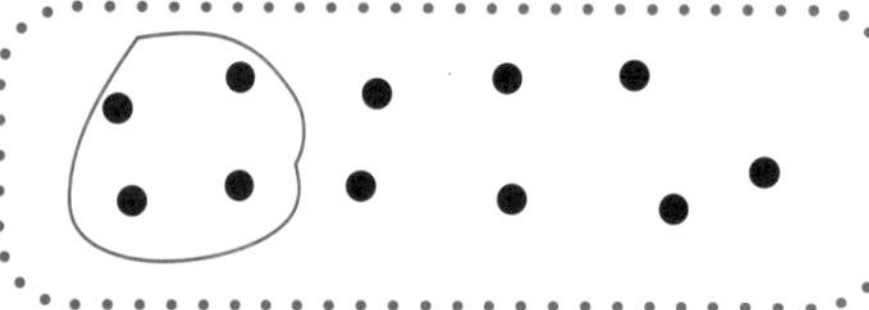

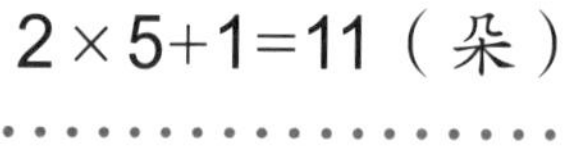

4 朵 4 朵地数，数□次，还多□朵

4×□+□=11（朵）

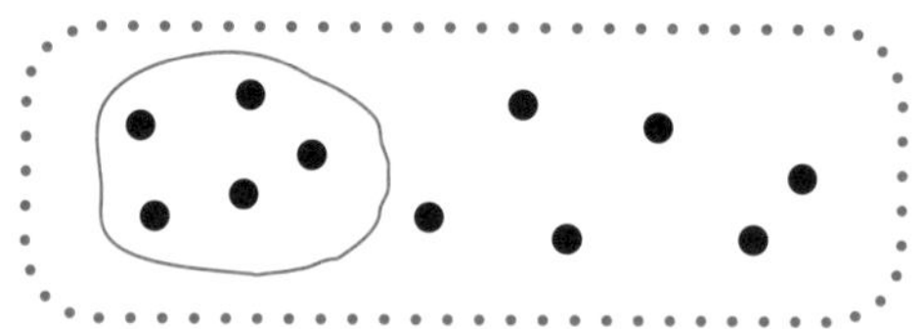

5 朵 5 朵地数，数□次，还多□朵

5×□+□=11（朵）

2 看图列式计算。

（1）

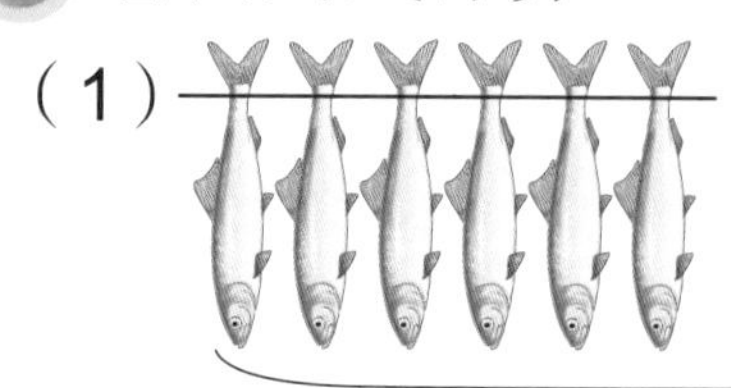

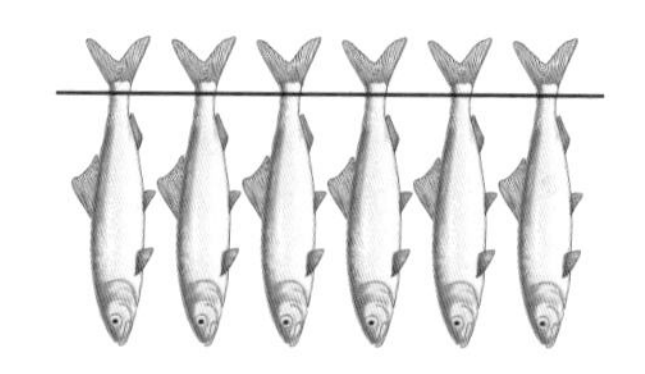

共□条

□×□+□=□（条）

（2）

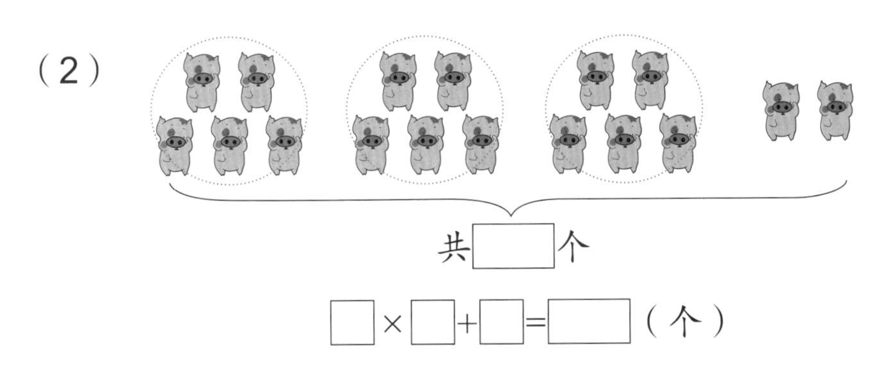

共[ ]个

[ ]×[ ]+[ ]=[ ]（个）

3 评选绿色小卫士。

用“正”字统计票数

一	丅	下	𠄟	正
1	2	3	4	5

王刚 张强 赵红 李军
1个“正”字5票，
王刚 5×1+1=6（票）。
赵红3个“正”字差
1票，5×2+4=[ ]票。

张强 5×3+2=[ ]（票）。

姓名	王刚	张强	赵红	李军
票数				

4 圈点点。

（1）13个点点，5个5个地圈，圈2次，还多□个点点。

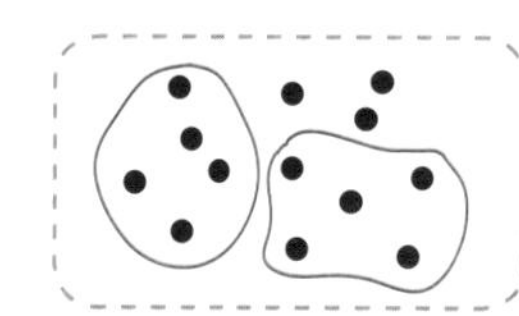

5×2+□= 13　5×2=13−□

如果圈 3 次，少□个点点。

5×3−□= 13　5×3=13+□

（2）17个点点，5个5个地圈，圈3次，还多□个点点。

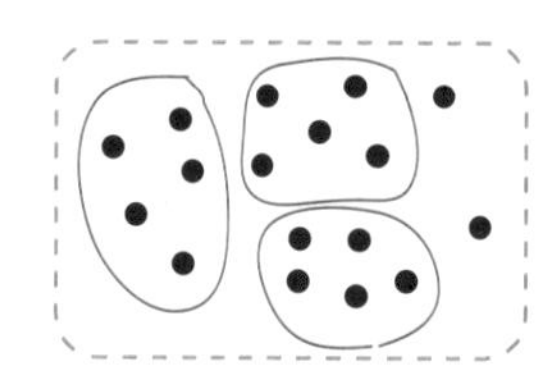

5×3+□= 17　5×3=17−□

如果圈 4 次，少□个点点。

5×4−□= 17　5×4=17+□

5 一共有多少个苹果？

□×□+□=□

挑战台

（1）比一比，填一填，说一说。

5×3+□=19　　5×3=19−□

5×4−□=19　　5×4=19+□

（2）把一个数改写成乘加或乘减算式。

29=□×□+□
　=□×□−□

31=□×□+□
　=□×□−□

（3）

3×□+2=14
3×□−1=14

5×□+2=17
5×□−3=17

6×□+4=16
6×□−2=16

二、数 21~50

【10】

比 20 大的数

1 10 个 10 个数。

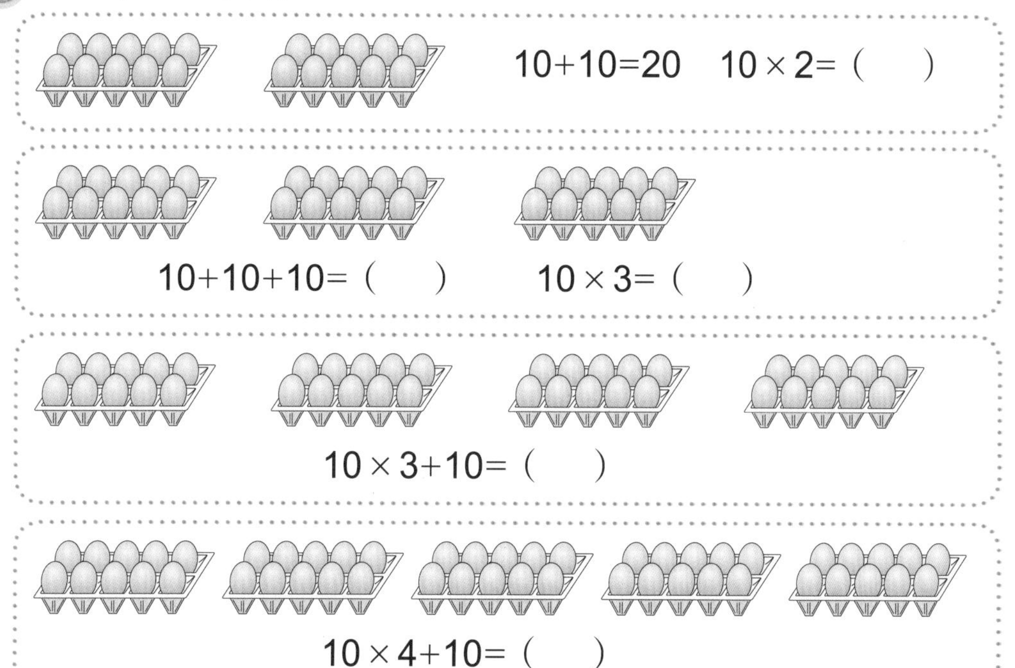

10+10=20　10×2=（　　）

10+10+10=（　　）　10×3=（　　）

10×3+10=（　　）

10×4+10=（　　）

2 填一填。

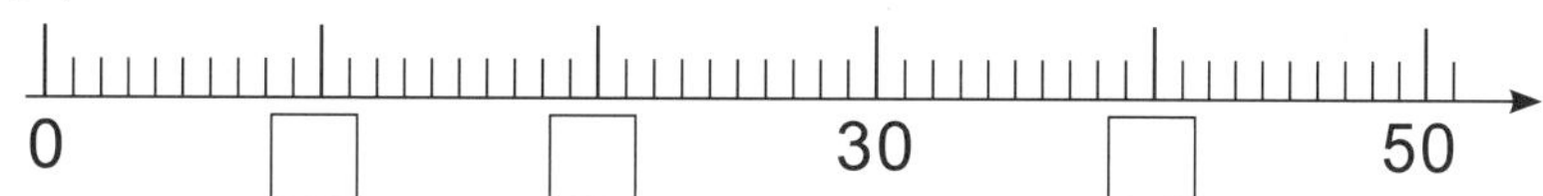

3 图式连线。

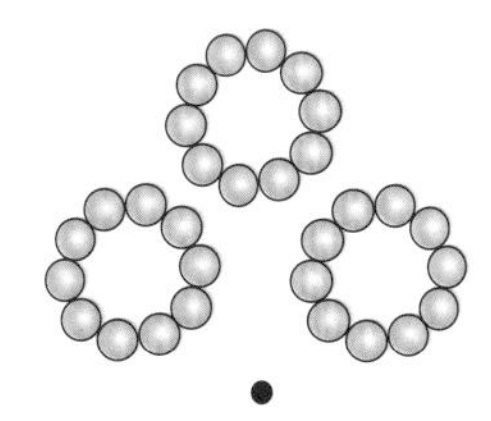

10×4　　10×3　　10×5

4 比一比，算一算。

$2+3=5$
$20+30=$

$5-1=4$
$50-10=$

$1\times5=5$
$10\times5=$

5 几十几。

（1）看图填数。

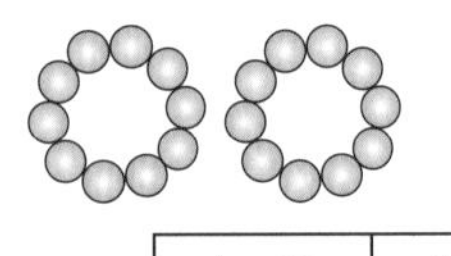

十位	个位

十位	个位

（2）看图写算式。

一捆是 10 根，有多少根小棒？

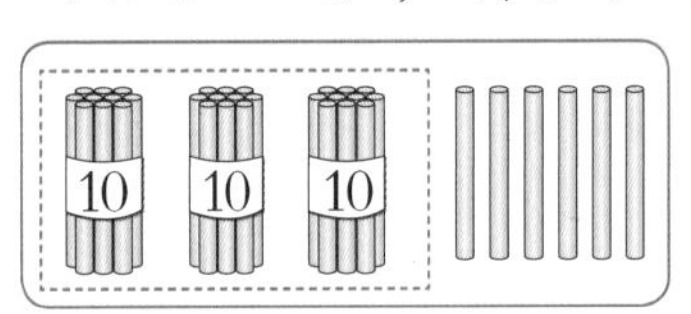

30 + □ = □（根）

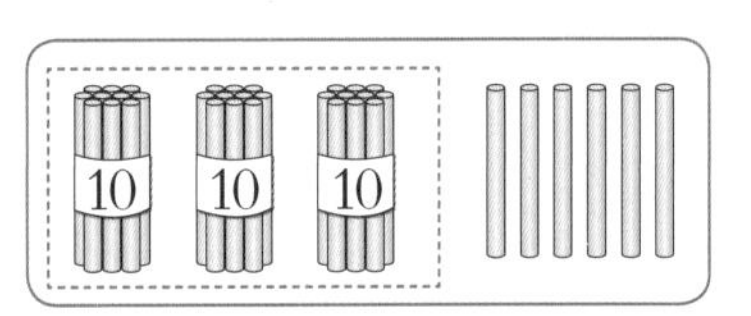

□ × □ + □ = □（根）

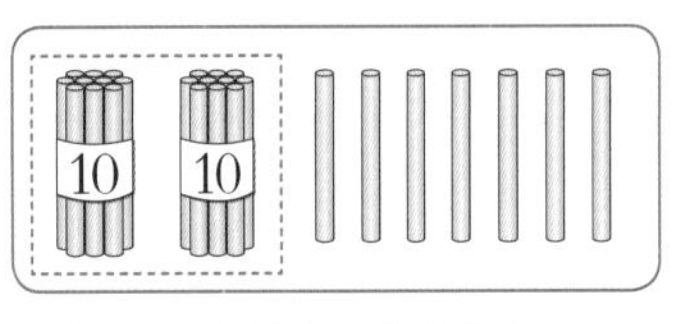

□ + □ = □（根）

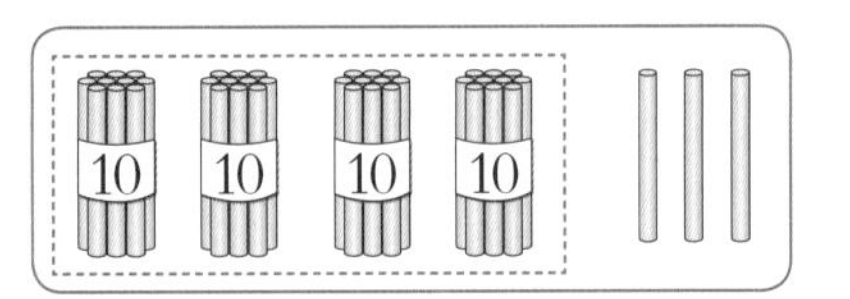

□ × □ + □ = □（根）

（3）下面各图分别有多少块小木块？

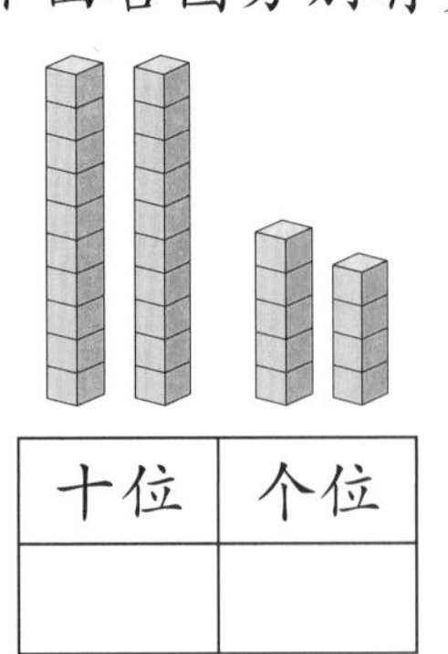

十位	个位

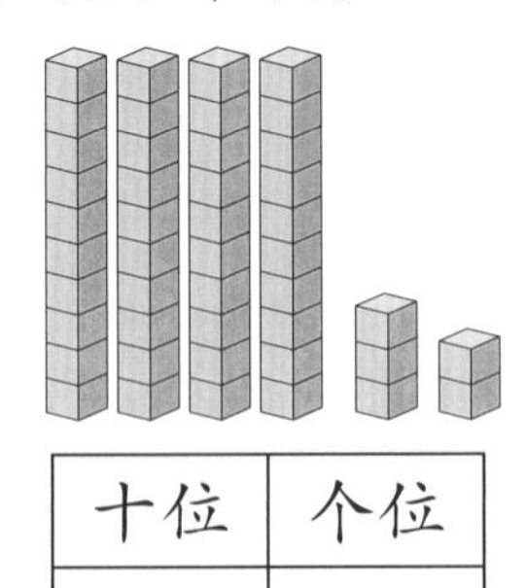

十位	个位

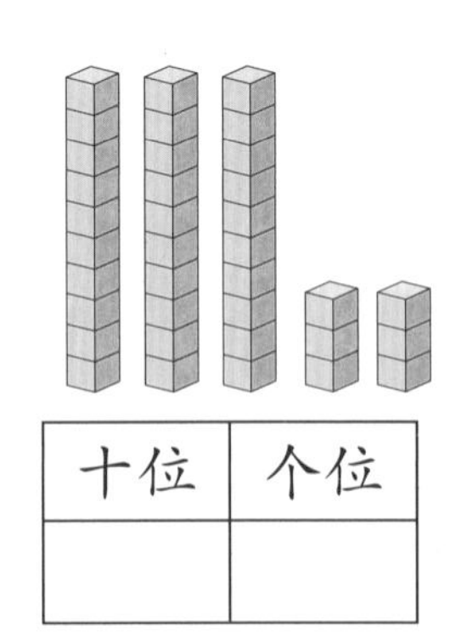

十位	个位

6 完成数列。

			24		26		28		30
31		33		35		37		39	
30	29	28							21
40	39								31
50									41

7 10+10=□，10的翻倍是□，10×2=□。

20+20=□，20的翻倍是□，20×2=□。

8 数的比较。

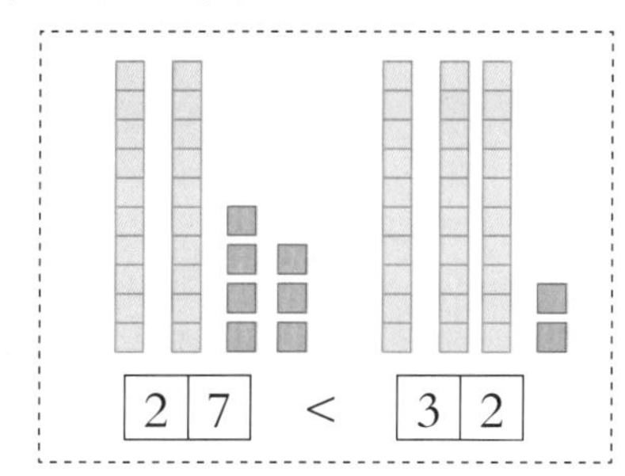

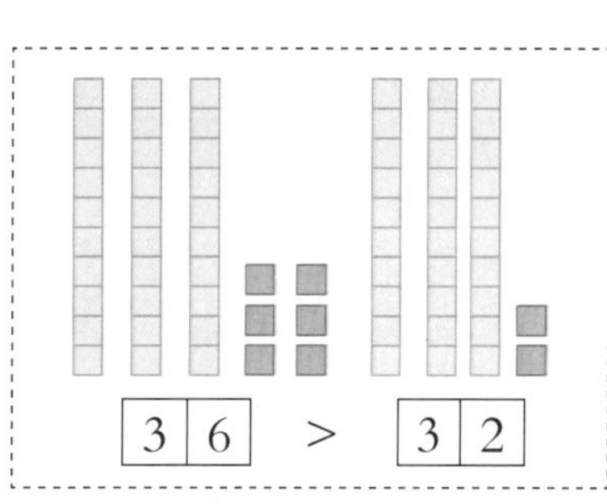

填入正确的“<”或“>”。

32 ◯ 23　　27 ◯ 29

24 ◯ 42　　48 ◯ 41

39 ◯ 29　　14 ◯ 41

将数排序。

· 35　25　45

□ < □ < □

· 43　47　41

□ < □ < □

挑战台　用 5 个“●”表示不同的数。

十位	个位
	●●●●●

5

十位	个位

□

十位	个位

□

十位	个位

□

十位	个位

□

十位	个位

□

【11】

数的顺序

1 （1）比 29 多 1 的数是多少？

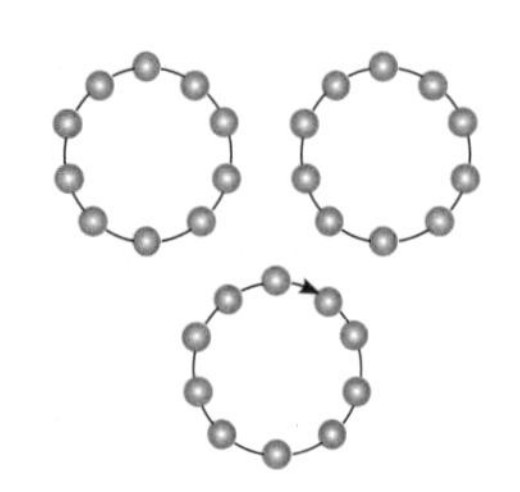

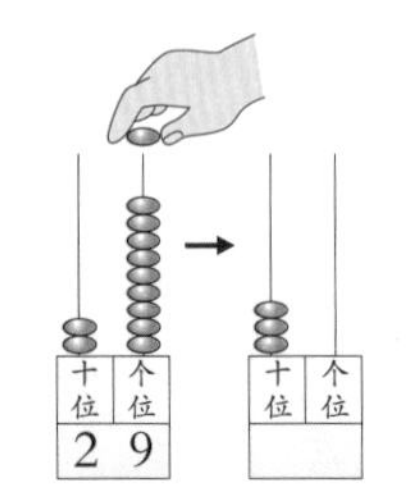

29 + 1= □

（2）比 39 多 1 的数是多少？

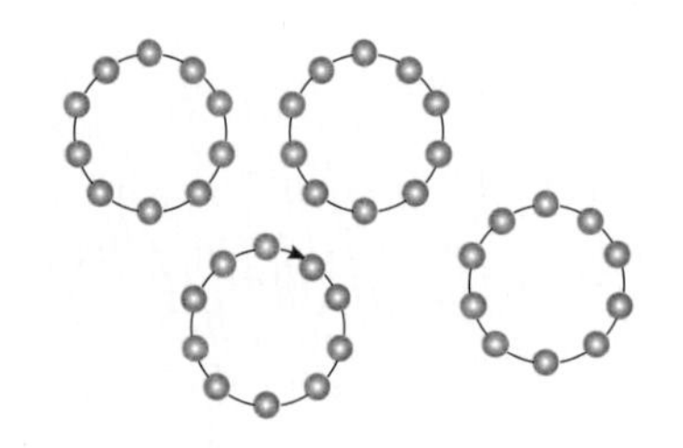

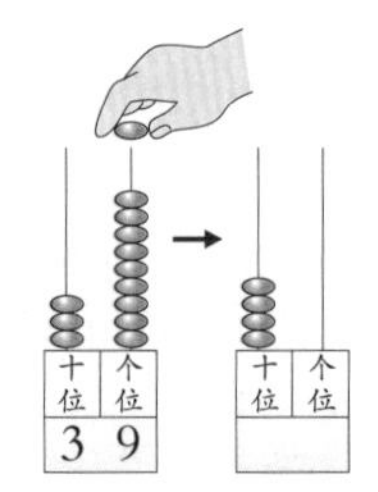

39 + 1= □

填写 21 ～ 50 各数。

11	12	13	14	15	16	17	18	19	20
21									
31									
41									

2 看图在□里填数。

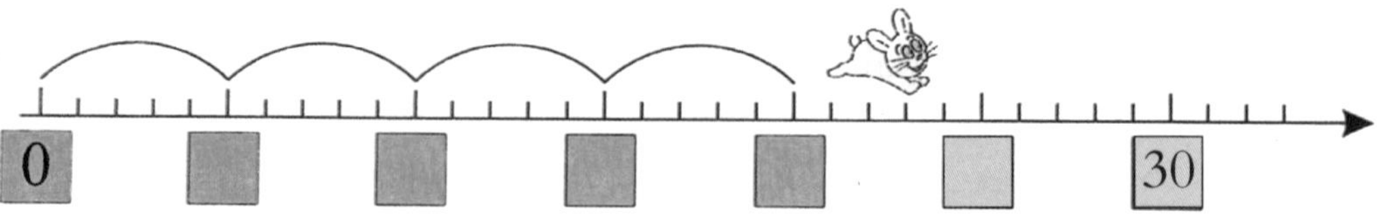

3 想一想，写一写。

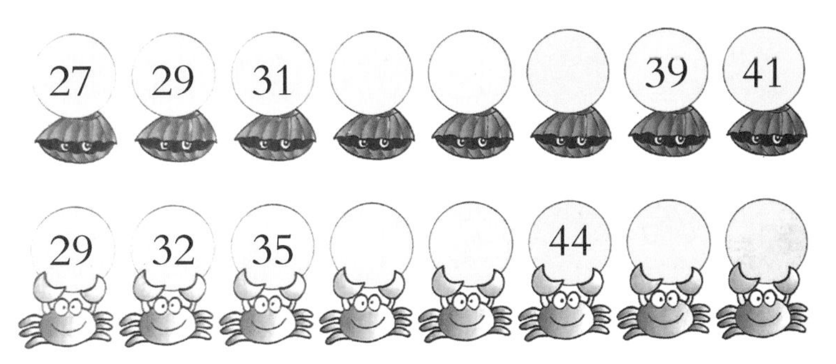

4 在空格里填数。

（1）

（2）

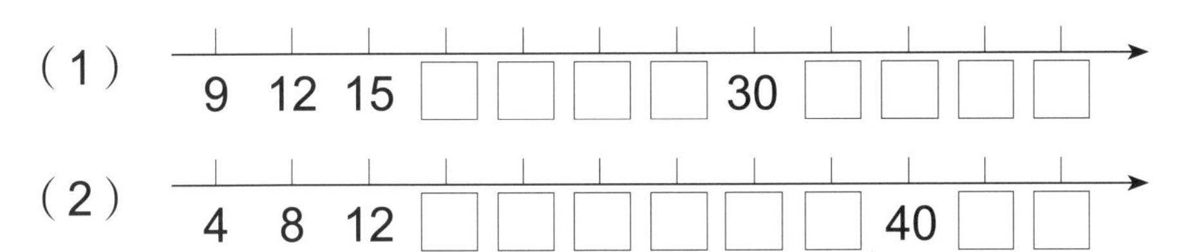

5 完成数列。

（1）18，22，26，30，□，□，□，□

（2）17，22，27，32，□，□，□，□

6 画去不在数列里的数。

（1） 2 5 8 10 11 14 16 17 20 23 26

（2） 0 6 12 18 24 30 34 36 42 48

7 比较大小，在○里填“＞”或“＜”。

（1）

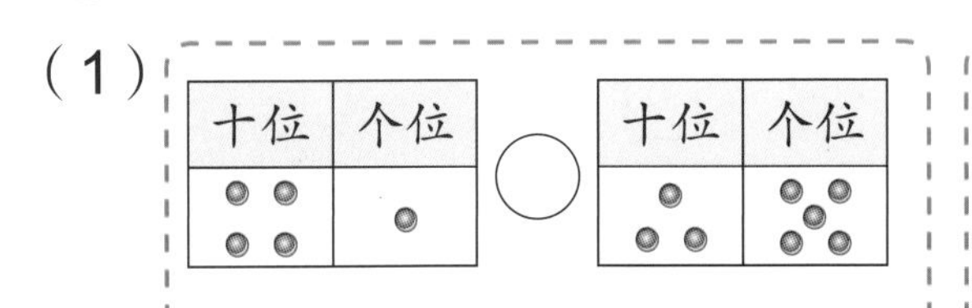

十位	个位

○

十位	个位

（2）

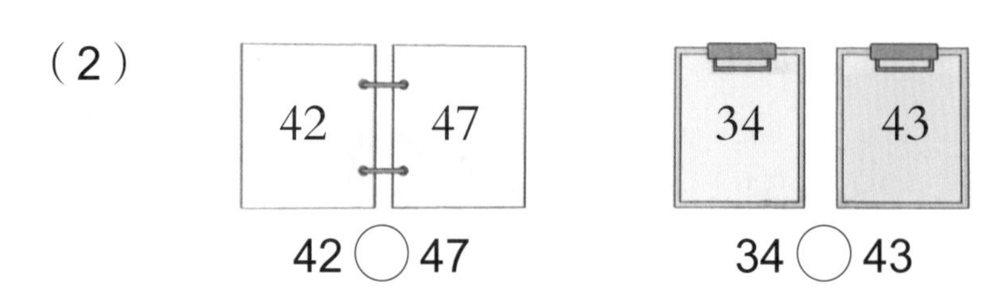

42 ◯ 47　　　　34 ◯ 43

8 按要求把数写在横线上。

18　　32　　25　　42　　45

35　　36　　27　　12

个位上的数字是 2：______>______>______。

个位上的数字是 5：______<______<______。

个位上的数字与十位上的数字合起来是 9：

______>______>______。

9 从下面数字卡片中任选 2 个数字组成两位数，将组成的两位数从大到小排列。

挑战台

在下面的□里填数，使它们有规律地排成一行。

□ □ □ 30 □ □ □

□ □ □ 30 □ □ □

□ □ □ 30 □ □ □

□ □ □ 30 □ □ □

【12】

几十几加几

1 看图计算。

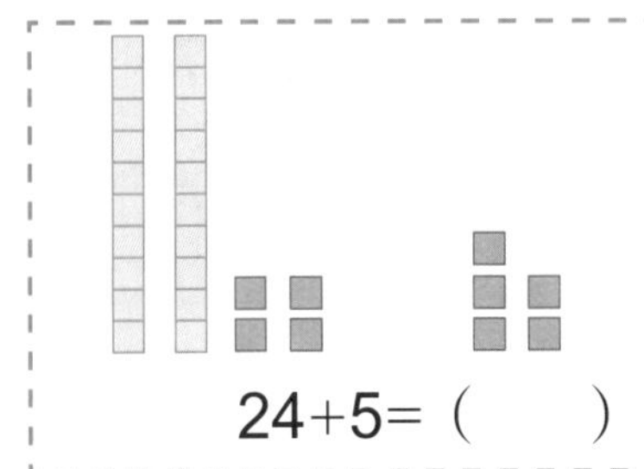

24+5=（　　）

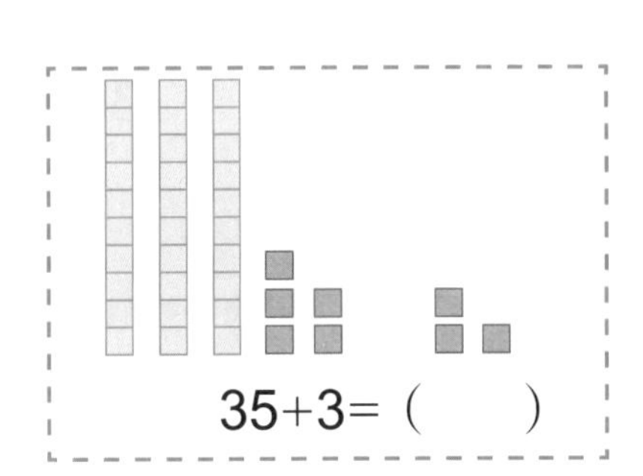

35+3=（　　）

32+6=（　　）

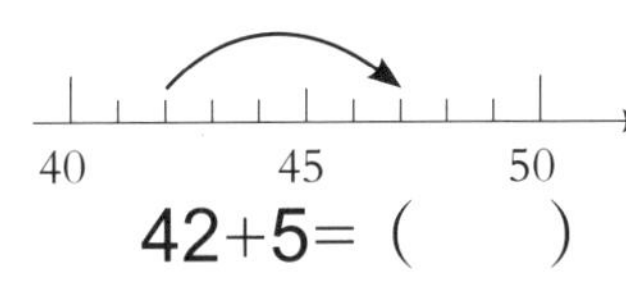

42+5=（　　）

2 比一比，算一算。

16 + 3 =（　　）	11 + 7 =（　　）	12 + 5 =（　　）
26 + 3 =（　　）	31 + 7 =（　　）	32 + 5 =（　　）
36 + 3 =（　　）	51 + 7 =（　　）	52 + 5 =（　　）

3 24+7=（　　）。

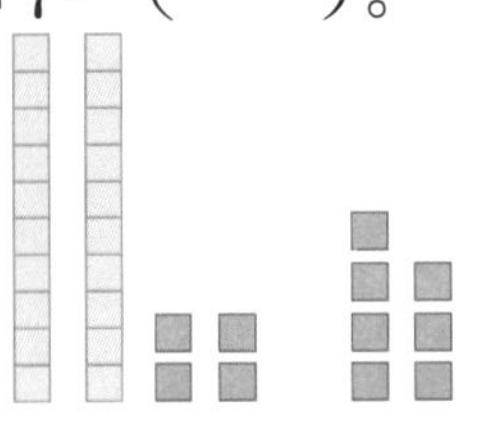

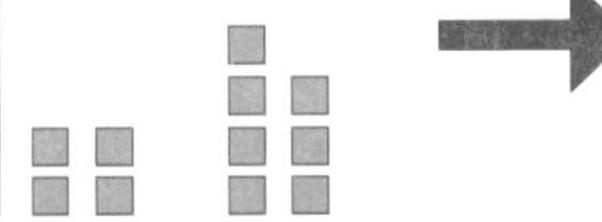

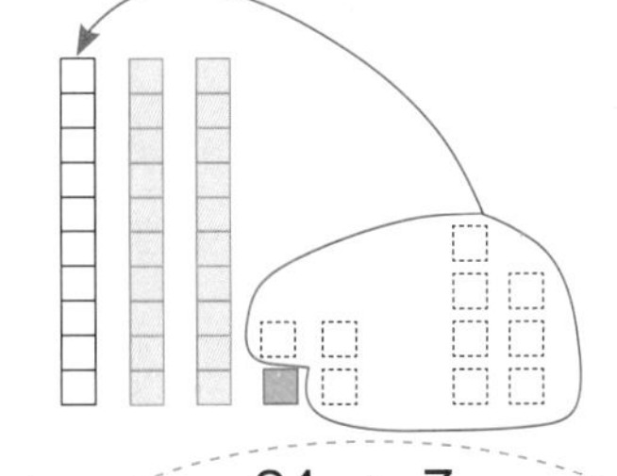

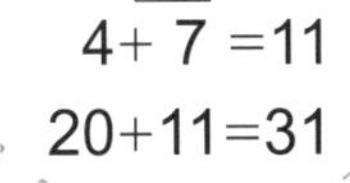

24 + 7

11

4+ 7 =11

20+11=31

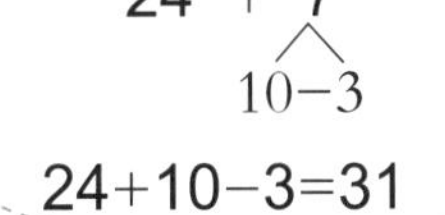

24 + 7

10−3

24+10−3=31

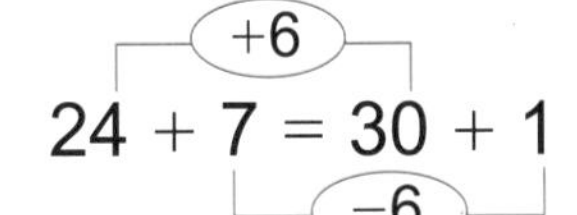

+6

24 + 7 = 30 + 1

−6

4 比一比，算一算。

5+7=12	6+7=13	8+7=15
15+7=22	16+7=□	18+7=□
25+7=3□	26+7=□	28+7=□
35+7=4□	36+7=□	38+7=□

5

28+6=28+10−□
=（　　）

35+9=35+10−□
=（　　）

27+6=27+10−□
=（　　）

25+9=25+10−□
=（　　）

6 填空。

18 —+6→ □ —+6→ □

28 —+7→ □ —+7→ □

32 —+8→ □ —+8→ □

27 —+9→ □ —+9→ □

7

25元

6元

38元

（1）买一条短裤和一顶草帽，要付多少钱？

（2）买一件衣服和一顶草帽，要付多少钱？

8 计算。

27 + 6 + 4　　8 + 8 + 8　　8 + 9 + 10

37 + 9 + 3　　9 + 9 + 9　　5 + 7 + 9

9 看图，在□里填数。

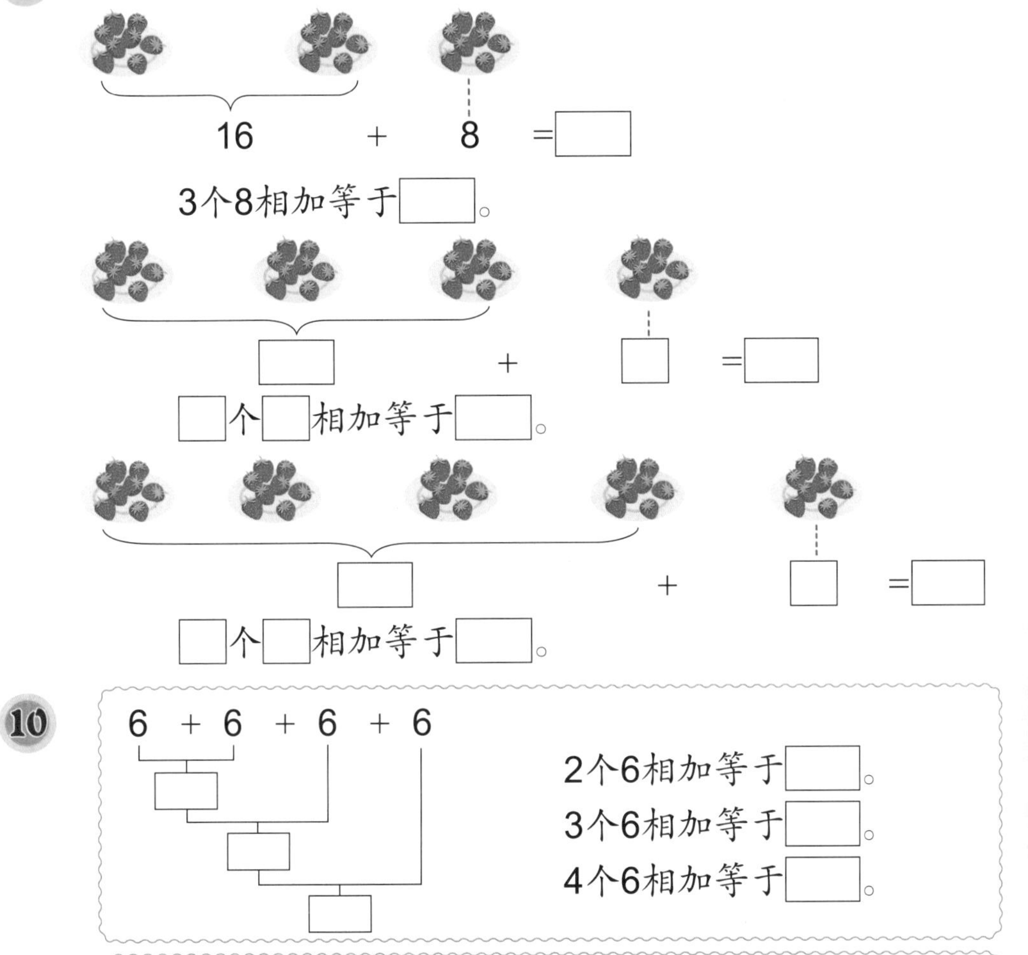

10

6 + 6 + 6 + 6

2个6相加等于□。
3个6相加等于□。
4个6相加等于□。

9 + 9 + 9 + 9

2个9相加等于□。
3个9相加等于□。
4个9相加等于□。

挑战台

从2，5，6，7，9五个数字中挑三个组成两位数加一位数进位加法的算式，看谁写得多。

【13】

3 的乘法口诀

1 三轮车辆数与轮子个数的关系。

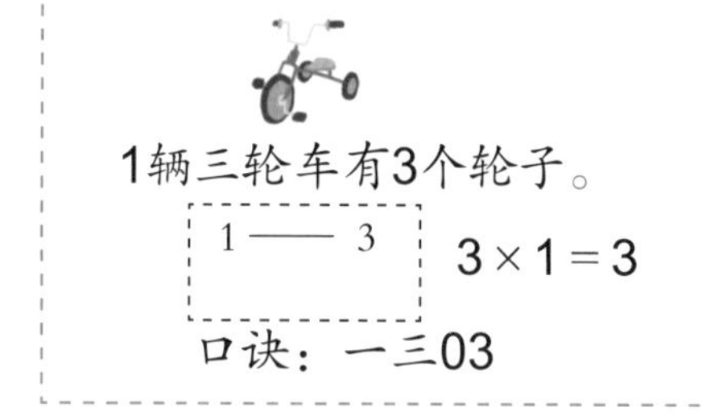

1辆三轮车有3个轮子。

1 —— 3

$3\times1=3$

口诀：一三03

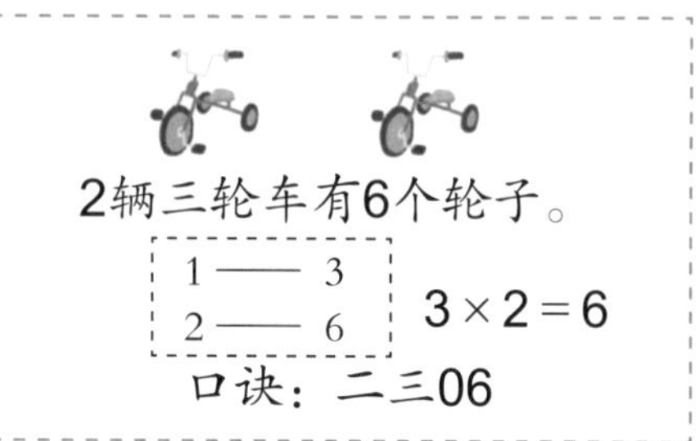

2辆三轮车有6个轮子。

1 —— 3

2 —— 6

$3\times2=6$

口诀：二三06

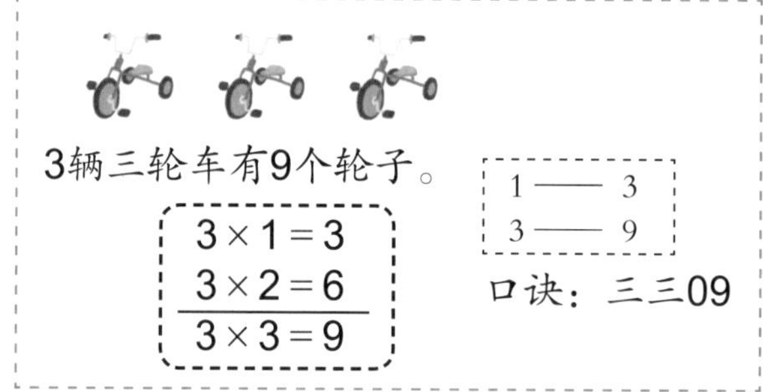

3辆三轮车有9个轮子。

$3\times1=3$

$3\times2=6$

$3\times3=9$

1 —— 3

3 —— 9

口诀：三三09

2 编 3 的乘法口诀。

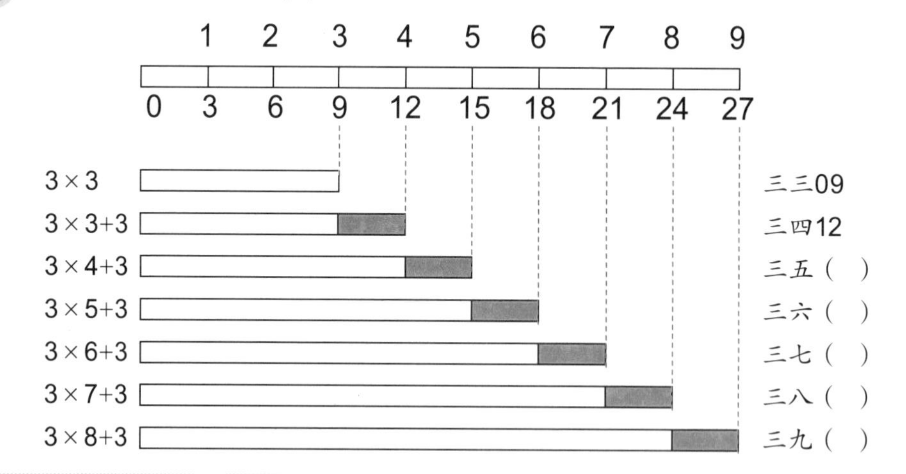

1 2 3 4 5 6 7 8 9

0 3 6 9 12 15 18 21 24 27

算式	口诀
3×3	三三09
$3\times3+3$	三四12
$3\times4+3$	三五（ ）
$3\times5+3$	三六（ ）
$3\times6+3$	三七（ ）
$3\times7+3$	三八（ ）
$3\times8+3$	三九（ ）

$3\times3=9$ $3\times1=3$ $3\times4=12$	$3\times3=9$ $3\times2=6$ $3\times5=\square$	$3\times3=9$ $3\times4=12$ $3\times7=\square$	$3\times4=12$ $3\times5=15$ $3\times9=\square$

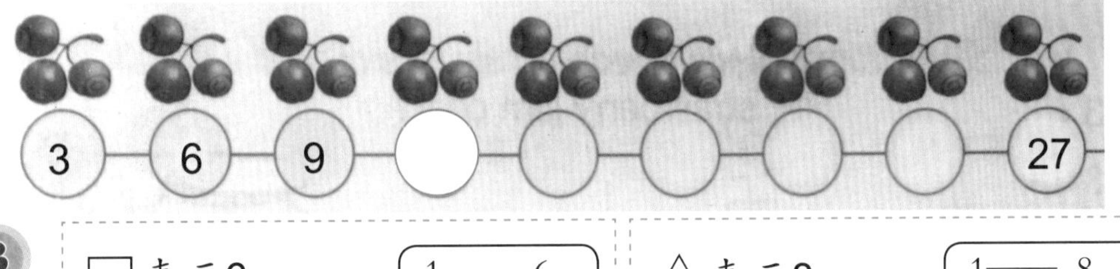

3

□表示6，

□□□表示几？

1—— 6

3—— □

$6\times3=$ □　　三六18

△表示8，

△△表示几？

1—— 8

3—— □

$8\times3=$ □　　三八24

4 填一填。

$3\times5=15$

$15\div3=$ □　$15\div5=$ □

$9\times3=27$

$27\div9=$ □　$27\div3=$ □

5 做除法想乘法口诀。

$12\div3=$ □　　三（　）12，商是□。

$18\div3=$ □　　三（　）18，商是□。

$24\div8=$ □　　（　）八24，商是□。

$27\div9=$ □　　（　）九27，商是□。

6 （1）每盒7个，21个有多少盒？

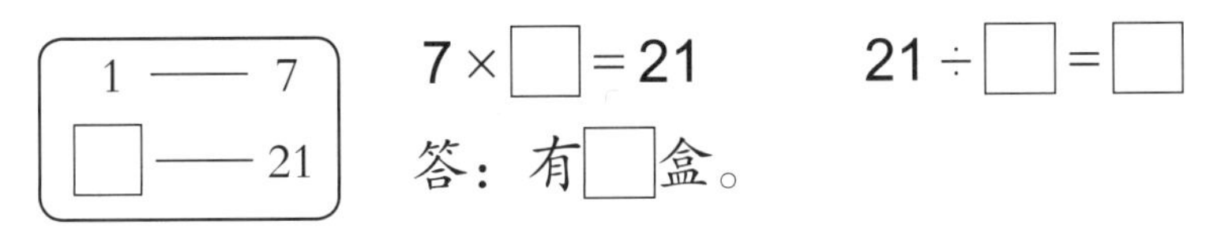

1 —— 7

□ —— 21

$7\times$ □ $=21$　　$21\div$ □ $=$ □

答：有□盒。

（2）每袋8个，24个有多少袋？

1 —— 8

□ —— 24

$8\times$ □ $=24$　　$24\div$ □ $=$ □

答：有□袋。

7 （1）有 6 朵，的朵数是的 3 倍。有多少朵？

（2）有18头，6头。的头数是的多少倍？

8 把 12 朵花分别插在花瓶里。每个花瓶插的花朵数一样多，每个花瓶里可以插多少朵？花瓶的个数与插的花朵数有什么关系？

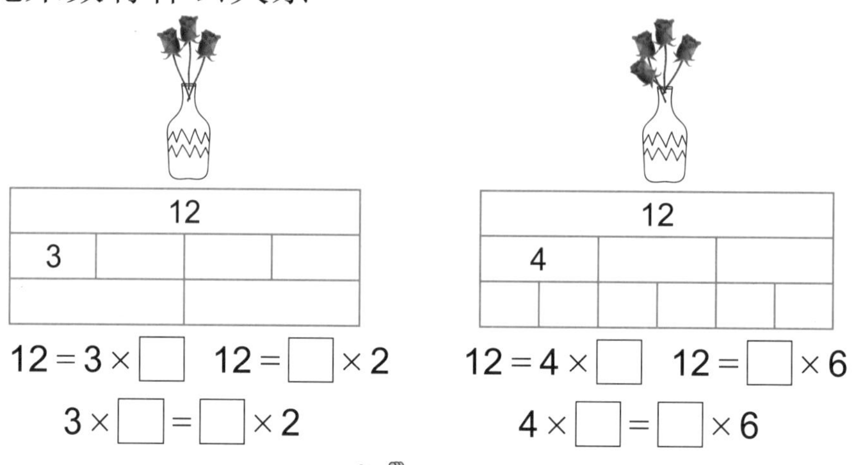

12			
3			

$12=3\times\square$　$12=\square\times2$

$3\times\square=\square\times2$

12					
4					

$12=4\times\square$　$12=\square\times6$

$4\times\square=\square\times6$

9 1张卡片可以换3张卡片。

6张卡片可以换（　　）张卡片。

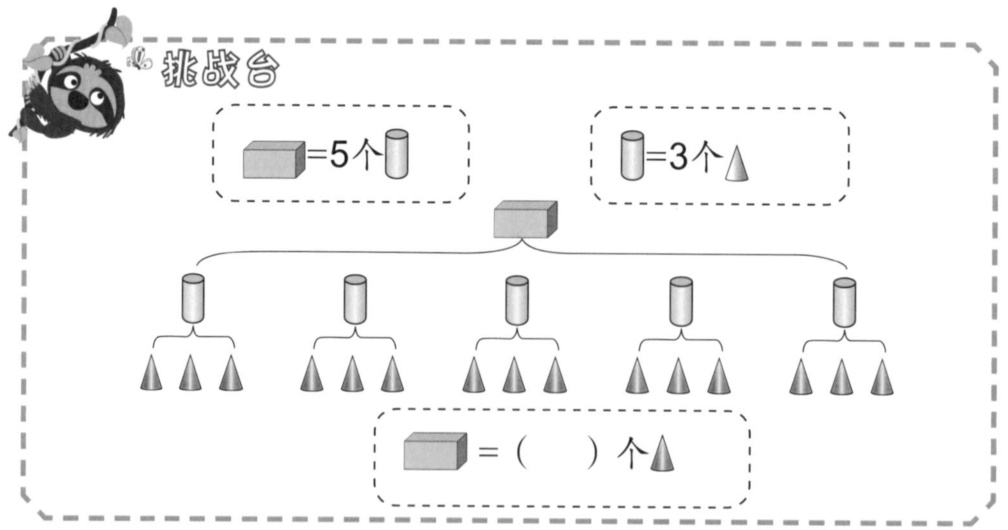

【14】

4 的乘法口诀

1 1 辆汽车有 4 个轮子。

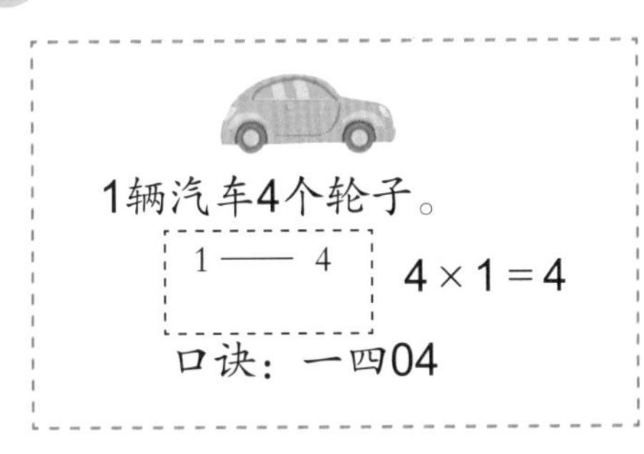

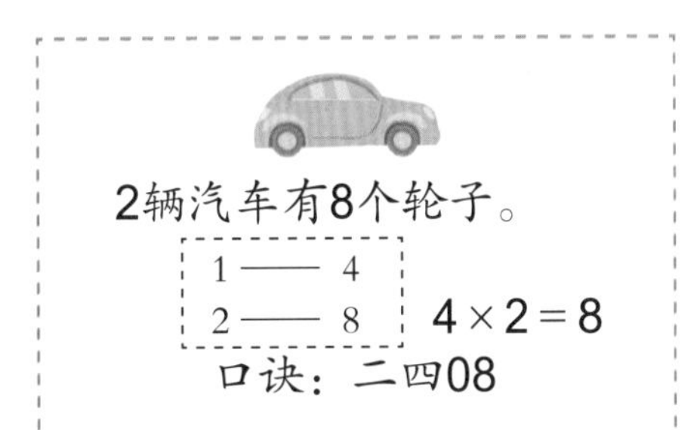

2辆汽车有8个轮子。
1 —— 4
2 —— 8
4×2=8
口诀：二四08

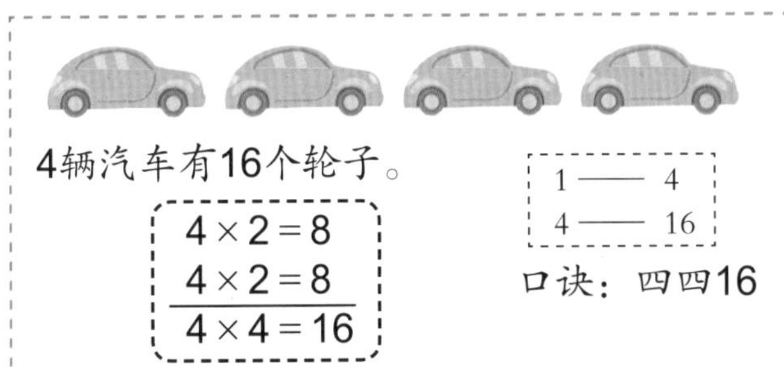

汽车的辆数	1	2	3	4	5	6	7	8	9
轮子个数	4	8		16					

2 编 4 的乘法口诀。

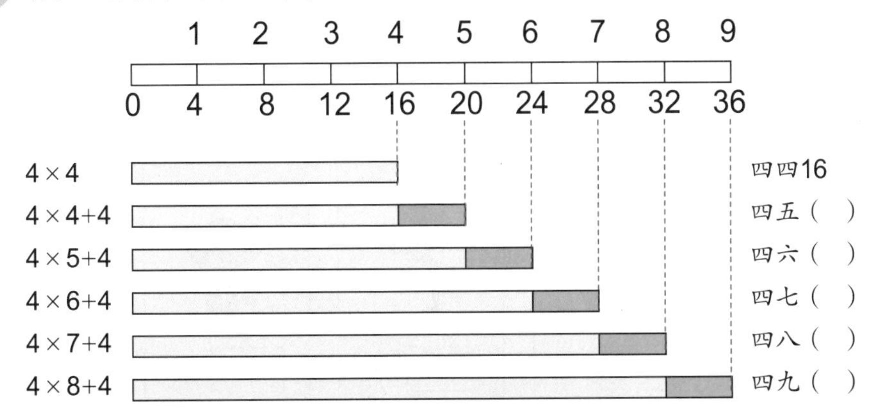

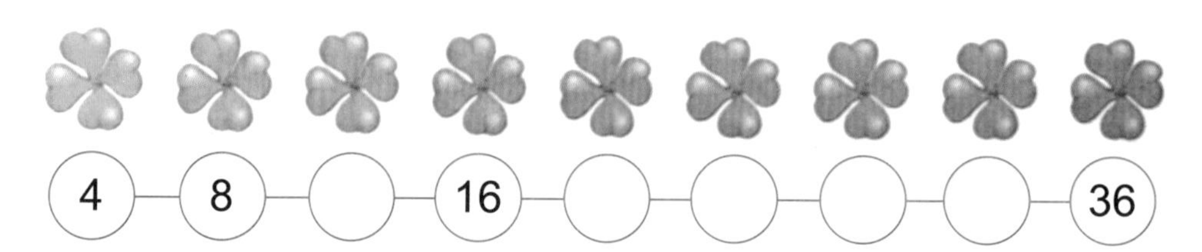

3 填一填。

$4\times6=24$

$24\div4=\square$　$24\div6=\square$

$9\times4=36$

$36\div9=\square$　$36\div4=\square$

$4\times8=\square$

$\square\div4=\square$

$\square\div8=\square$

$6\times4=\square$

$\square\div6=\square$

$\square\div4=\square$

$7\times4=\square$

$\square\div7=\square$

$\square\div4=\square$

4 校园花坛里的花。

如果1格表示4朵，那么这些花各有多少朵？

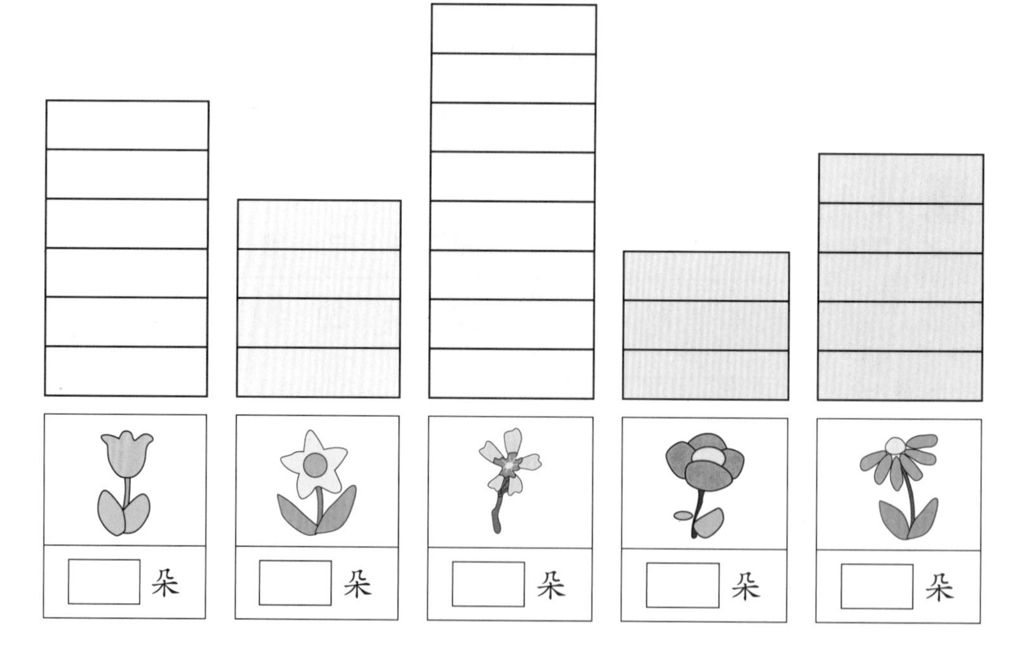

5 （1）7个4是（　　），4的7倍是（　　）。

（2）32是4的（　　）倍，32是8的（　　）倍。

（3）9×4+9=（　　），4×8+8=（　　）。

（4）15的翻倍是（　　），40的折半是（　　）。

6 看图计算。

（1）每个兔笼里有3只兔子，4个兔笼里一共有（　）只兔子。

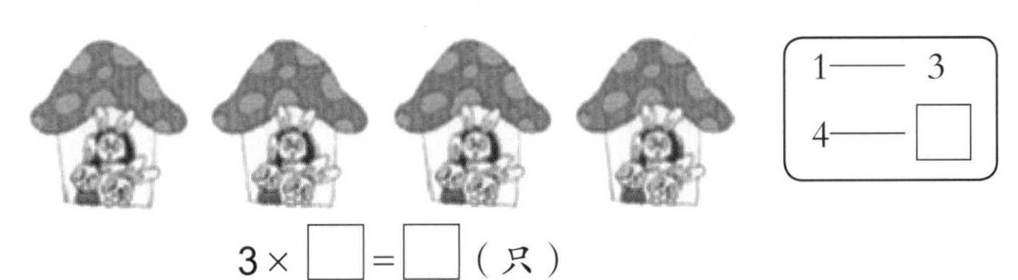

3×□=□（只）

（2）20株花，每4株花放入1个木槽，可以放（　）个木槽。

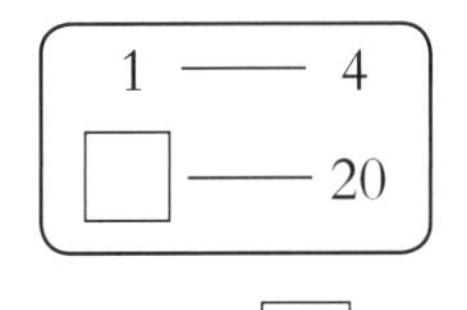

20÷4=□（个）

（3）20朵花，每5朵花扎成1束，可以扎成（　）束。

1——5
□——20

20÷5=□（束）

挑战台

已知✚×✿=24

如果✚－✿=5，那么✚×2＋✿=□

如果✚－✿=2，那么✿×2＋✚=□

【15】

求积、求商

1 用乘法口诀求积、求商。

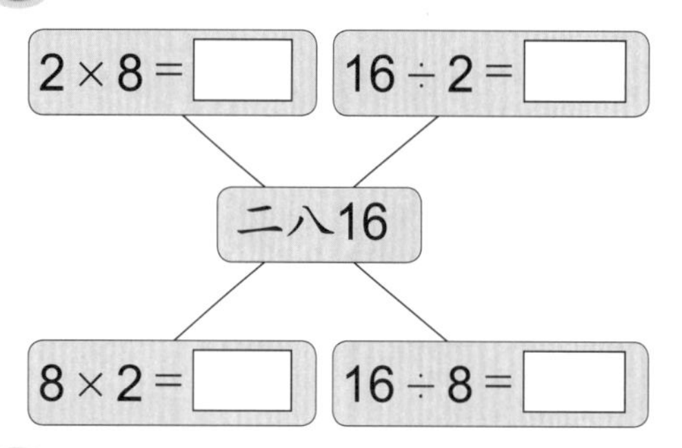

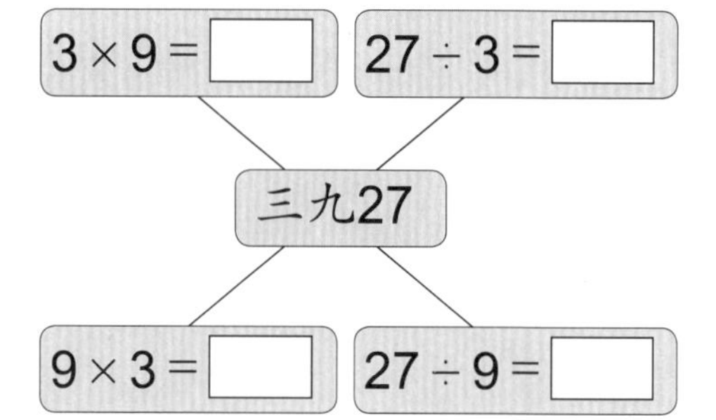

2 用乘法口诀在空格里填数。

（1）

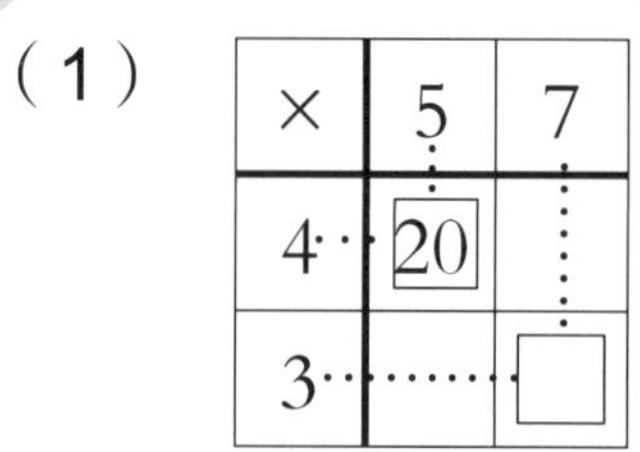

$4\times5=20$　$4\times7=\square$

$3\times5=\square$　$3\times7=\square$

（2）

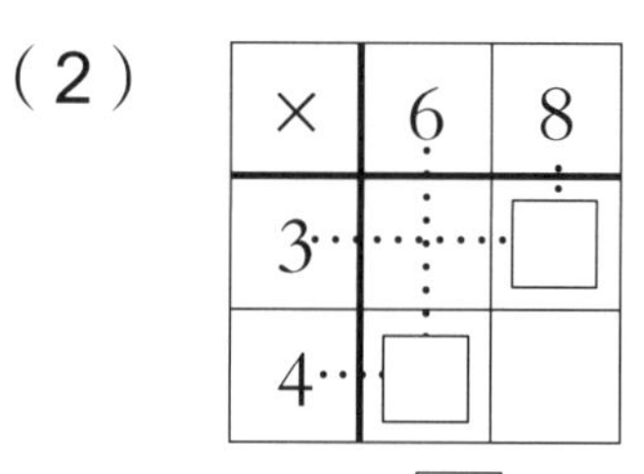

$3\times6=\square$　$3\times8=\square$

$4\times6=\square$　$4\times8=\square$

（3）

×	2	3	4
4			
9	18		
7			28

$4\times2=\square$　$4\times3=\square$　$28\div7=\boxed{4}$

$18\div2=\boxed{9}$　$\boxed{9}\times3=\square$　$\boxed{4}\times\boxed{9}=\square$

$7\times2=14$　$7\times3=\square$　$4\times\boxed{4}=\square$

（4）

×	2	□	□
□	14		28
8		24	
□		15	

$14\div2=\square$　$28\div\square=\square$

$24\div8=\square$　$15\div\square=\square$

3 每条船坐 3 人，研究船的条数与人数的关系。

每条船坐 3 人

船的条数	1	2		6	
人　　数	3		12		24

$3\times2=$□（人）　　$12\div3=$□（条）

$3\times6=$□（人）　　$24\div3=$□（条）

4 用 4 个小三角形摆成一个大三角形，探索小三角形个数与大三角形之间的关系。

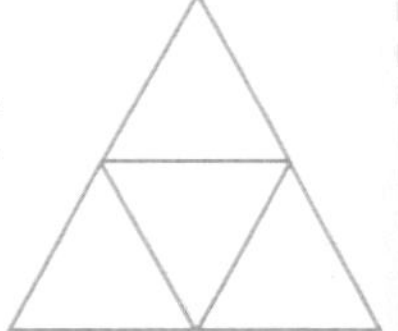

大三角形个数	1	2	3	4		6		8	
小三角形个数	4		12		20		28		36

$4\times2=$　　$4\times4=$　　$4\times6=$　　$4\times8=$

$20\div4=$　　$28\div4=$　　$36\div4=$

5 （1）9的4倍是多少？　　36是9的几倍？

（2）♠ × 2 = ♥ × 3 = ◆ × 4 = 12

　♥ = □　　◆ = □

6 求图形表示的数。

（1）

$4\times$ ✱ $=28$

✱ $=28\div4$

✱ = □

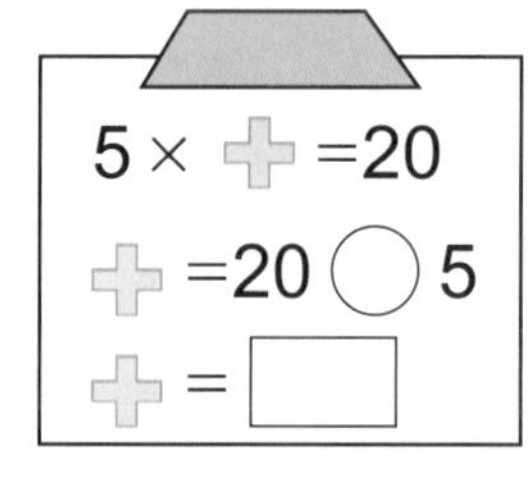

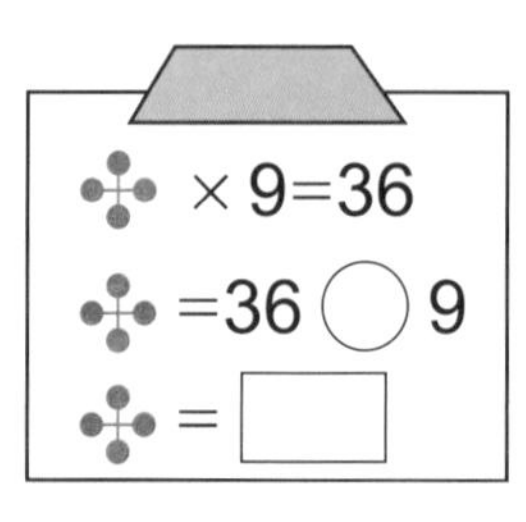

（2）

$21\div$ ◆ $=3$

◆ = □ ○ □

◆ = □

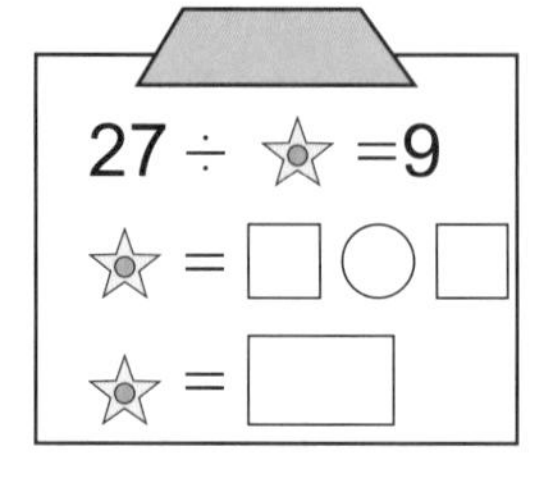

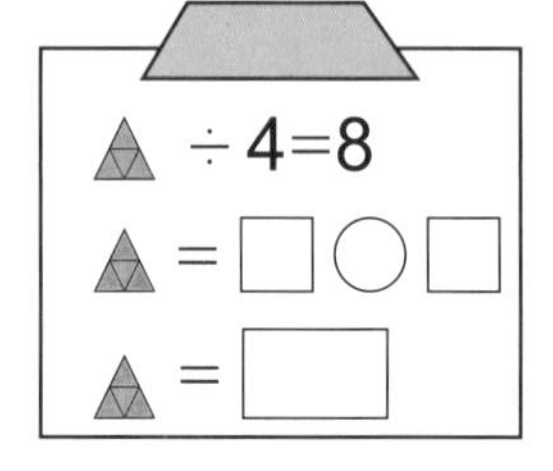

（3）根据左图推算各种图形所表示的数，填入右图对应的空格中。

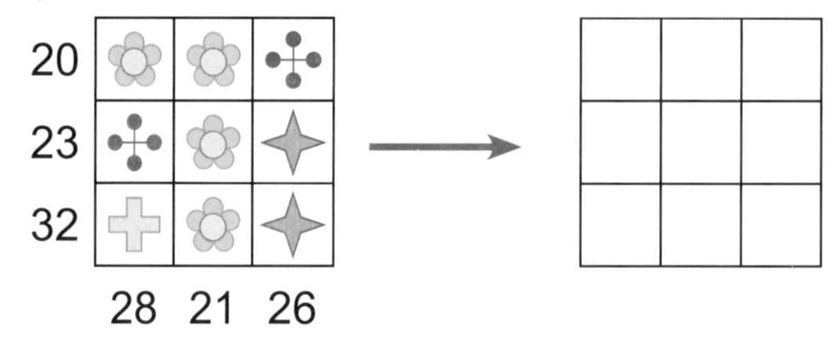

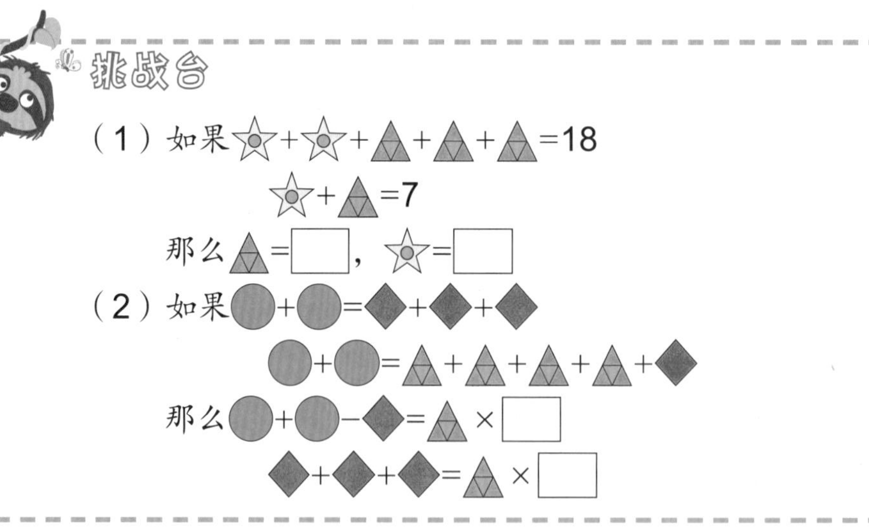

挑战台
（1）如果☆+☆+△+△+△=18
☆+△=7
那么△=□，☆=□
（2）如果●+●=◆+◆+◆
●+●=△+△+△+△+◆
那么●+●−◆=△×□
◆+◆+◆=△×□

【16】

5 的乘法口诀

1 5 的 5 倍、6 倍、7 倍、8 倍、9 倍各是多少？

1　2　3　4　5　6　7　8　9

0　5　10　15　20　25　30　35　40　45

5×4	5的4倍：五四　20
5×4+5	5的5倍：五五（　）
5×5+5	5的6倍：五六（　）
5×6+5	5的7倍：五七（　）
5×7+5	5的8倍：五八（　）
5×8+5	5的9倍：五九（　）

五七35

5的7倍是（　　）

7的5倍是（　　）

35是5的（　　）倍

35是7的（　　）倍

2 根据下面的口诀写两道乘法算式与两道除法算式。

五五25	五八40	五九45
□×□=□	□×□=□	□×□=□
□×□=□	□×□=□	□×□=□
□÷□=□	□÷□=□	□÷□=□
□÷□=□	□÷□=□	□÷□=□

3 每辆小汽车坐 5 人。

小汽车辆数	1		5		9	10
乘坐人数	5	15		35		

4 列式计算。

（1）◗表示5，●+●+●+◗表示多少？

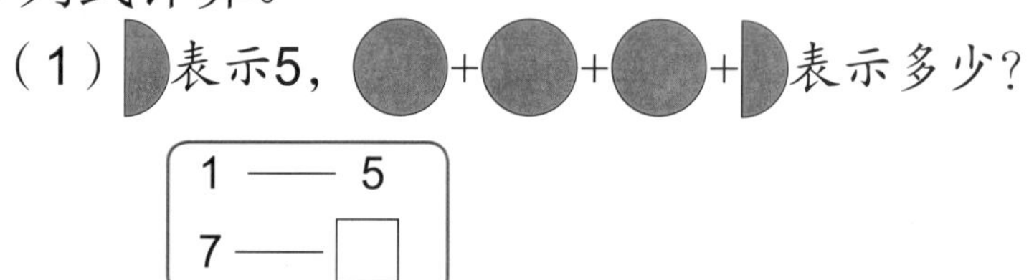

1 —— 5
7 —— □

（2）□表示8，⊞表示多少？

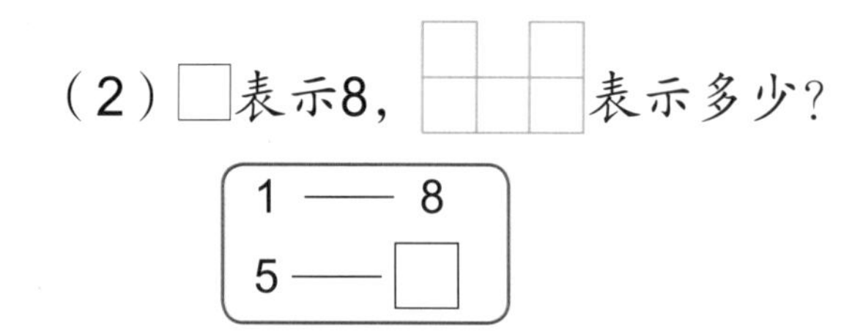

1 —— 8
5 —— □

（3）如果⬡表示30，那么△表示多少？

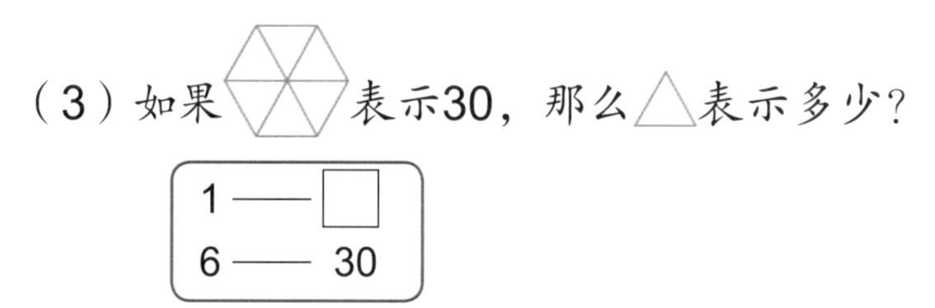

1 —— □
6 —— 30

（4）如果▲表示45，那么△表示多少？

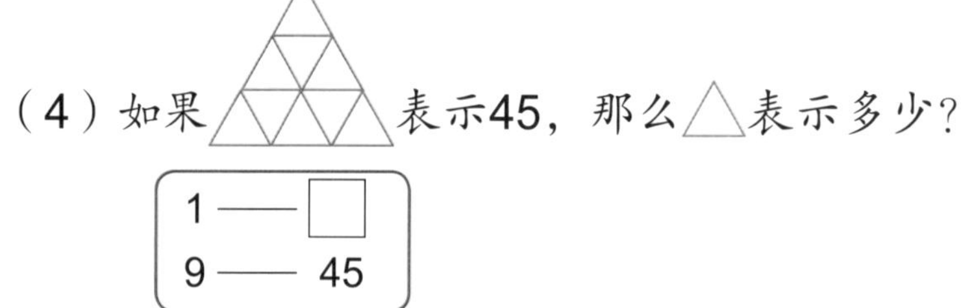

1 —— □
9 —— 45

5 每个花瓶里插 5 朵花，5 个花瓶里一共插了多少朵花？插 35 朵花要多少个花瓶？

1 —— 5	1 —— 5
5 —— □	□ —— 35

6 算一算，比一比。

$8\times4+8=$	$4\times7+4=$	$9\times5-9=$
$8\times5=$	$4\times8=$	$9\times4=$

7 填一填，读一读。

一一01				
一二02	二二04			
一三03	二三06	三三09		
一四04	二四08	三四12	四四16	
一五05				五五25
一六06				
一七07				
一八08				
一九09				

8 用乘法口诀在空格里填数。

×	5	4	3
7			
8			
9			

×	3		4
	27		
7		35	
			24

9 求图形表示的数。

▲ × 5 = 35
▲ = □○□
▲ = □

45 ÷ ● = 5
● = □○□
● = □

☆ ÷ 6 = 4
☆ = □○□
☆ = □

（1）如果 [图] 表示12，那么 [图] 表示多少？

□ ÷ □ × □ = □

（2）如果 [图] 表示30，那么 [图] 表示多少？

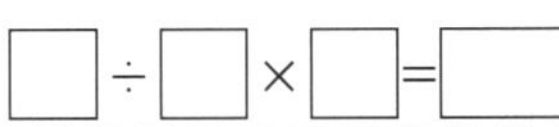

【17】

移多补少

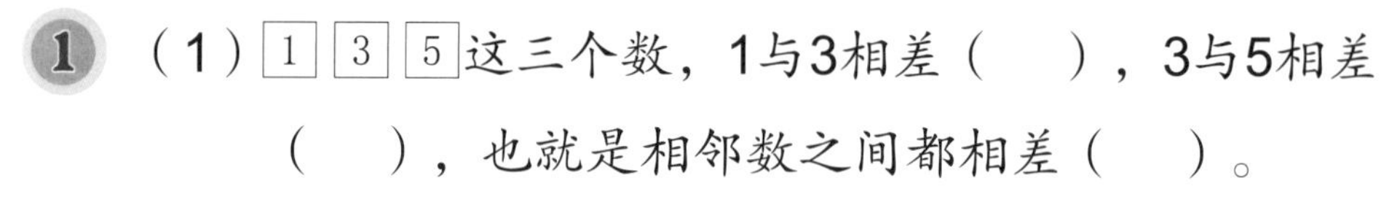

1 （1）1 3 5这三个数，1与3相差（　），3与5相差（　），也就是相邻数之间都相差（　）。

（2）2 5 8 11 14这5个数，相邻数之间都相差（　）。

（3）请你也写出相邻两个数之间差都相等的一列数。

2 下图中涂色的□各有多少个？

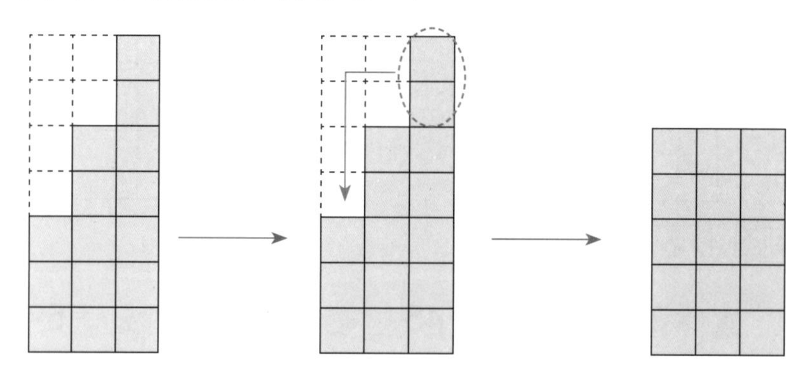

3+5+7=15 ——→ 5×3=15

3 看一看，算一算。

5 $\xrightarrow{+4}$ 9 $\xrightarrow{+4}$ 13

5+ 9 +13

= 9×□

=□

3 $\xrightarrow{+2}$ 5 $\xrightarrow{+2}$ 7 $\xrightarrow{+2}$ 9 $\xrightarrow{+2}$ 11

3+5+ 7 +9+11

= 7×□

=□

④ 一共有多少朵花？

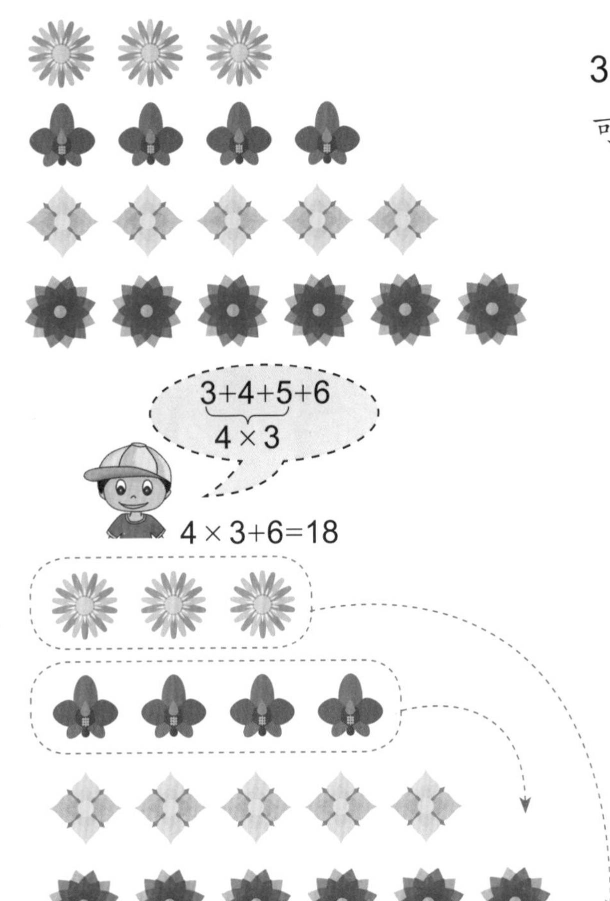

3+4+5+6

可以怎样算？

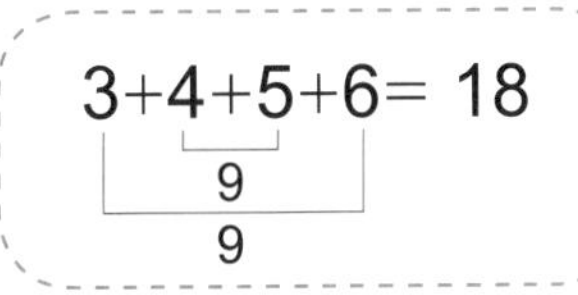

9×2= 18

⑤ 在□里填数。

（1）

6

1+2+ 3 +4+5 = □

6

3×□=□

6×2+□=□

（2） 2+3+4+5+6+7 = 9×□

2+3+4+5+6 +7 = □ × □ + □

2+ 3+4+5+6+7 = □ × □ + □

6 每一行数的排列都是有规律的，请你根据规律填数。

（1）

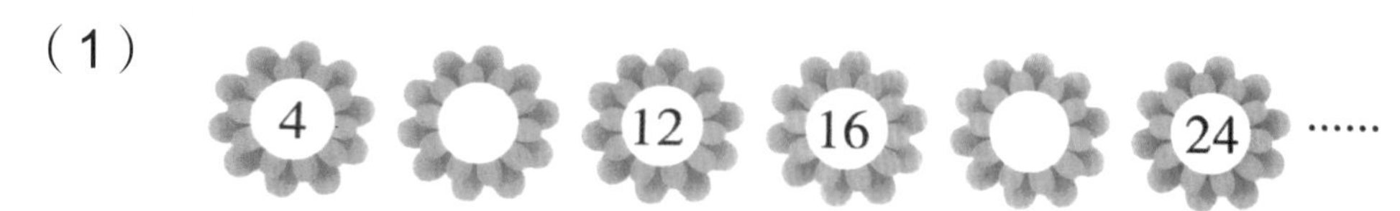

这些数的排列有什么规律？照这样排下去第9个数是几？

（2）

照这样排第4个数是$5+3\times3=14$，第5个数、第8个数分别是几？

（3）

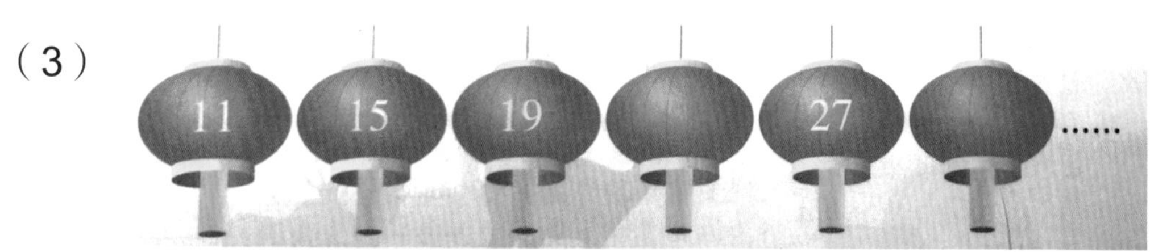

照这样排，第4，6，9个数分别是几？

挑战台

连接下面方格里的数，使和为25。用彩色笔涂一涂，并列出求和的算式。（要求方格边与边连接，不含点与点连接和跳格连接）

1	2	3	4	5	6
7	8	9	10	11	12
13	14	15	16	17	18

$8\times3+1=25$

1	2	3	4	5	6
7	8	9	10	11	12
13	14	15	16	17	18

1	2	3	4	5	6
7	8	9	10	11	12
13	14	15	16	17	18

1	2	3	4	5	6
7	8	9	10	11	12
13	14	15	16	17	18

1	2	3	4	5	6
7	8	9	10	11	12
13	14	15	16	17	18

1	2	3	4	5	6
7	8	9	10	11	12
13	14	15	16	17	18

【18】

乘除练习

1 1只青蛙有2只眼睛、4条腿。

青蛙只数	1	2	3	4	5	6	7	8	9
眼睛只数	2								
腿条数	4								

2 体育室里各种球的数量。

足球	篮球	网球	排球
28个	20个	24个	36个

如果1格表示4个，那么上面四种球各有多少格？请在统计图上涂色表示出来。

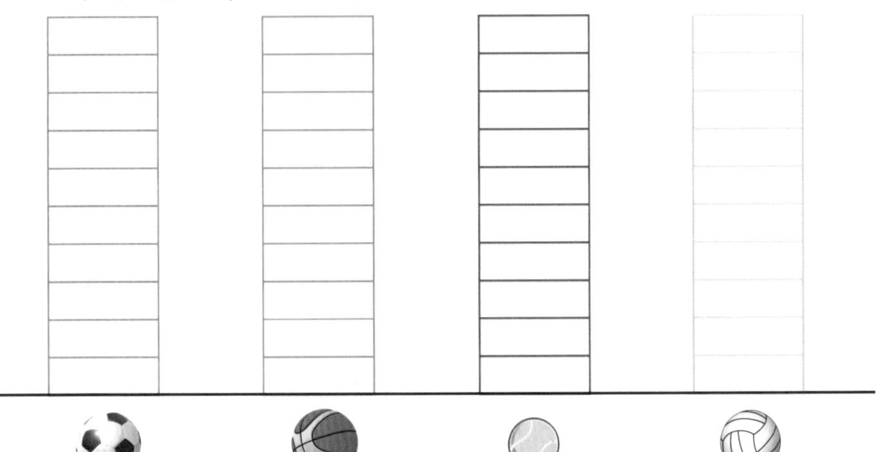

3 在下面空格里填上正确的数。

箱数	1	2		5		9
瓶数	4		12		28	

4 有 4 只大熊猫、4 堆竹笋。如果每只大熊猫吃 2 个竹笋，要挑哪一堆？画“√”表示。

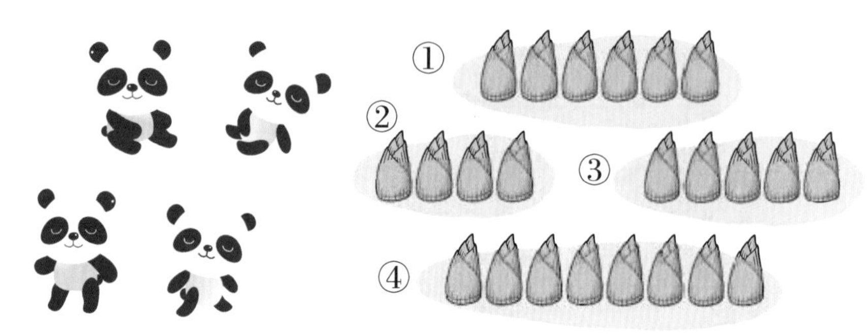

有3只盘子，如果每只盘子放3个梨，要挑哪一堆？画“√”表示。

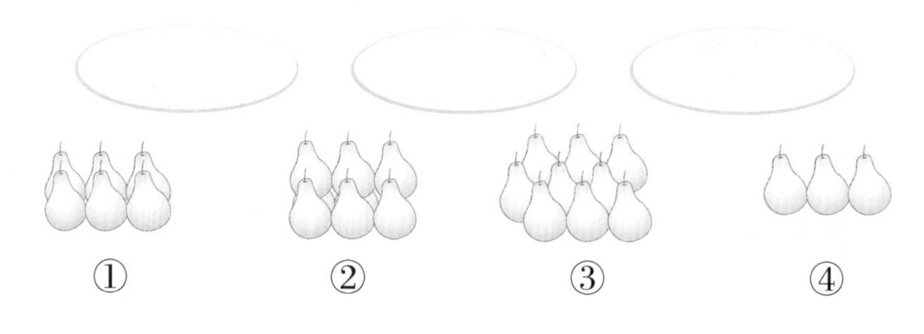

5 （1）表示的数比表示的数少多少？

$= 5 + 5 + 5 + 5 + 5 + 7 + 7$

$= 7 + 7 + 7 + 7 + 7 + 9 + 9$

与各有7个加数。比相对应的每一个加数少2，$2 \times 7 = 14$，所表示的数比表示的数少______。

（2）比一比。

= 9 + 9 + 12 + 15

= 6 + 6 + 9 + 12

= 13 + 13 + 16 + 19

表示的数比　表示的数多几？

表示的数比　表示的数少几？

表示的数比　表示的数多几？

6 （1）有一堆皮球，每次取7个，取6次后正好取完，这堆皮球有多少个？

（2）把32个皮球装在盒子里，如果一盒装8个，要多少个盒子？

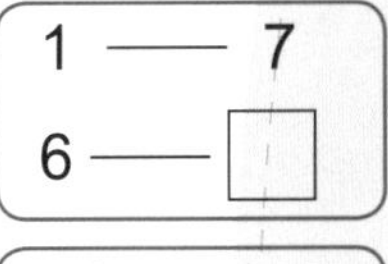

7 在下面的空格里填上正确的数。

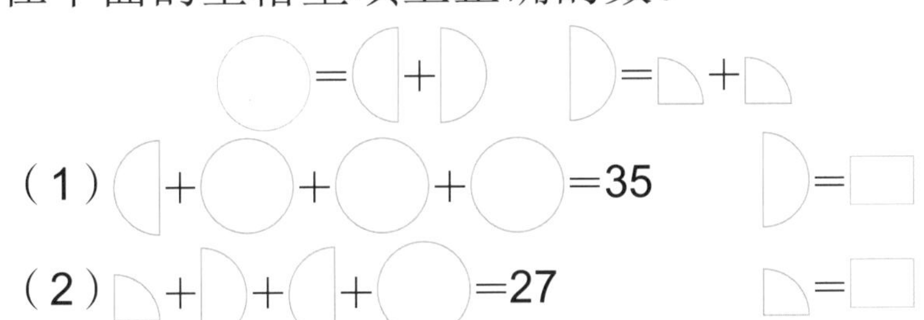

（1）▲×3+7 = 25　　　▲×4 = ●×3

▲=（　　）　　　●=（　　）

（2）☆=◆×3　　◆=●×3　　☆<50

☆=●×□，用数字表示共有几种可能？

（3）✱×2 = ✚×3　　✤×3 = ✚×4

如果✱=9，那么✚=（　　），✤=（　　）

三、数 51~100

【19】

整十数与 100

1

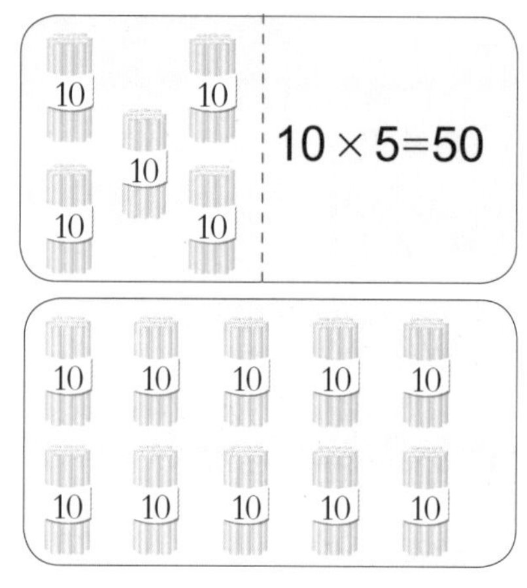

10 × 5+10=60

10 × 5+20=□

10 × 5+30=□

10 × 5+40=□

50 × 2=100

10 个十是 100

2 填一填。

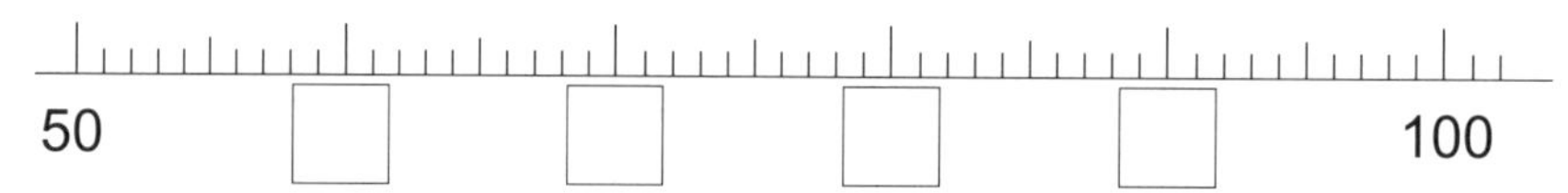

3 比一比，算一算。

3+4= 7 30+40=□	1+5 =□ 10+50=□	8+2 =□ 80+20=□
5−2=□ 50−20=□	8−3 =□ 80−30=□	10−7 =□ 100−70=□
4 × 2=□ 40 × 2=□	2 × 5 =□ 20 × 5=□	3 × 3 =□ 30 × 3=□
6 ÷ 3=□ 60 ÷ 3=□	8 ÷ 2=□ 80 ÷ 2=□	10 ÷ 5=□ 100 ÷ 5=□

4 猴子想吃到桃子，但必须按照从 10 ～ 100 的顺序横着走或竖着走，请你画出几条不同的路线。

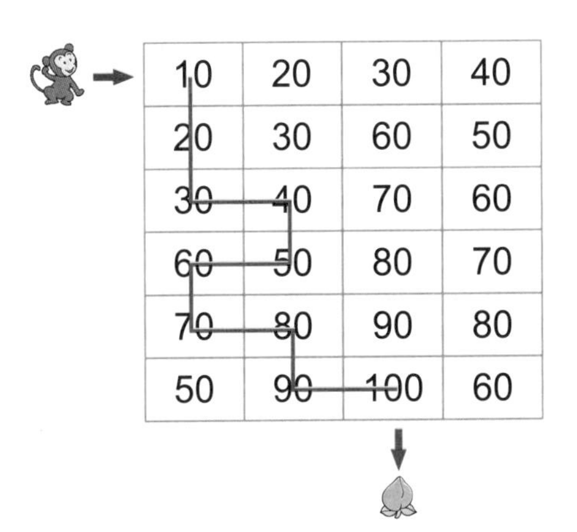

10	20	30	40
20	30	60	50
30	40	70	60
60	50	80	70
70	80	90	80
50	90	100	60

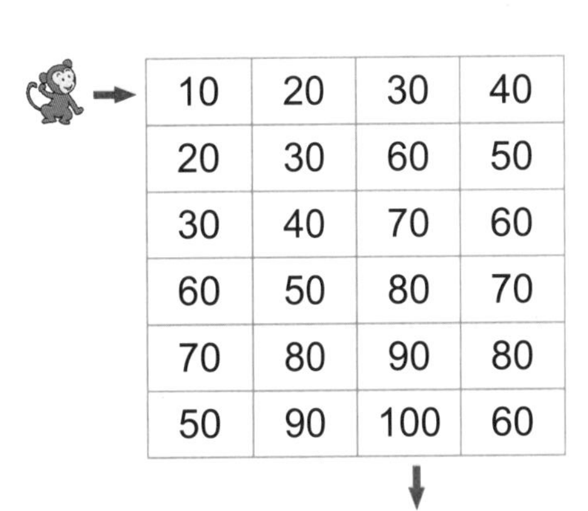

10	20	30	40
20	30	60	50
30	40	70	60
60	50	80	70
70	80	90	80
50	90	100	60

10	20	30	40
20	30	60	50
30	40	70	60
60	50	80	70
70	80	90	80
50	90	100	60

10	20	30	40
20	30	60	50
30	40	70	60
60	50	80	70
70	80	90	80
50	90	100	60

10	20	30	40
20	30	60	50
30	40	70	60
60	50	80	70
70	80	90	80
50	90	100	60

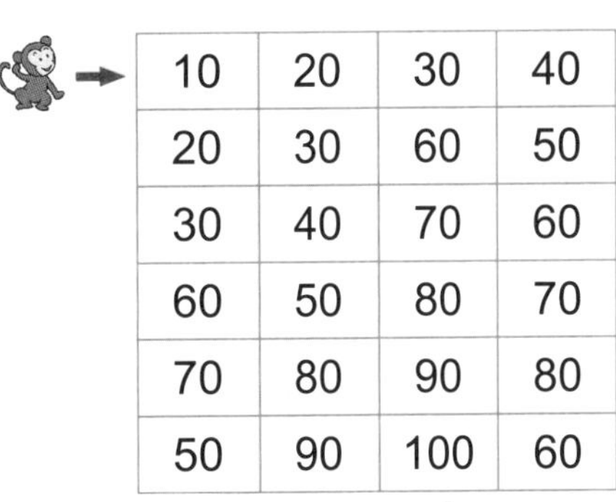

10	20	30	40
20	30	60	50
30	40	70	60
60	50	80	70
70	80	90	80
50	90	100	60

5 20+20=（　　），20 翻倍是（　　）；

40−20=（　　），40 折半是（　　）。

30+30=（　　），30 翻倍是（　　）；

60−30=（　　），60 折半是（　　）。

6 如下图，3 个圆套在一起有 5 个□，从 10，20，30，40，50，60 中选出 5 个数分别填入方框内，使每个圆里的和相等。

（1）和=70。

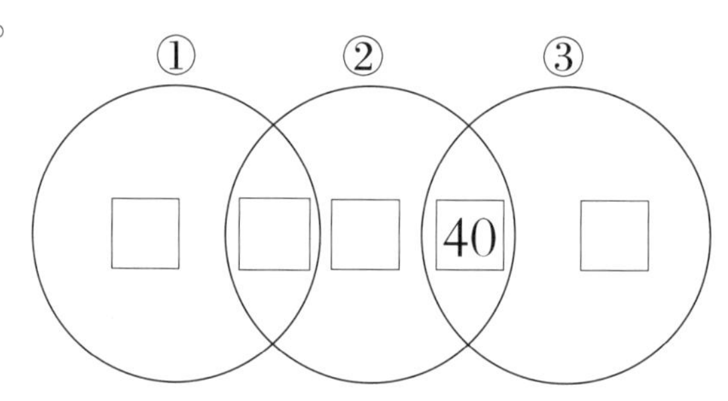

（2）和=80。

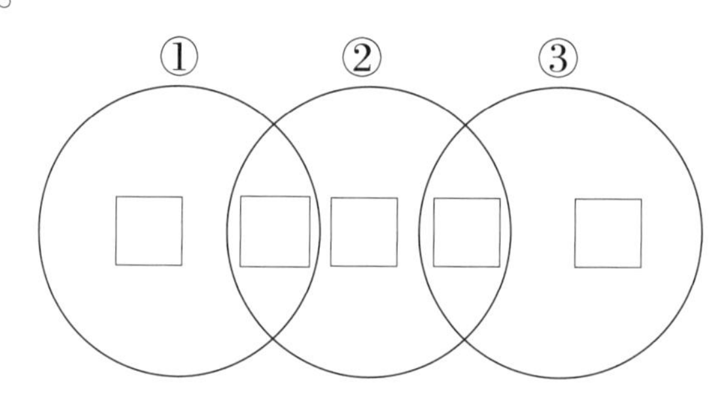

挑战台

符号表示几？

✚ + ✚ =80　　　　✚ =□

90 − ✚ = ✦　　　　✦ =□

✣ − ✦ = ✦　　　　✣ =□

✱ +10= ✚ + ✚　　　　✱ =□

✿ + ✚ = ✣　　　　✿ =□

【20】

比 50 大的两位数

1 看图填数，说一说有几个十、几个一。

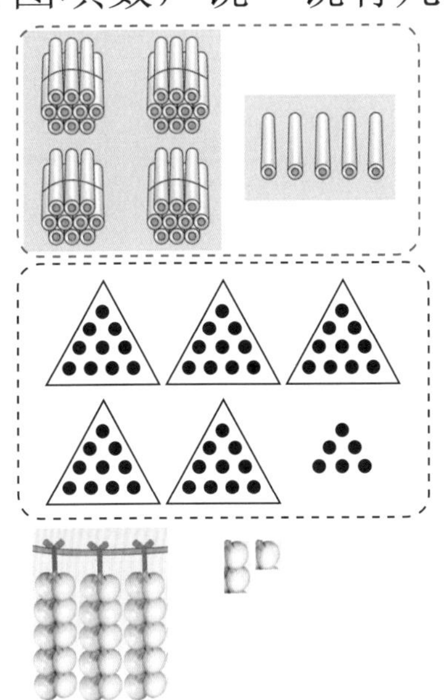

10×4+5=45

十位	个位

10×□+□=□

十位	个位

10×□+□=□

十位	个位

2 在□里填数。

73=70+□
73=10×□+□

58=□+8
58=10×□+□

92=90+□
92=10×□+□

87=□+7
87=10×□+□

3 看算珠写数。

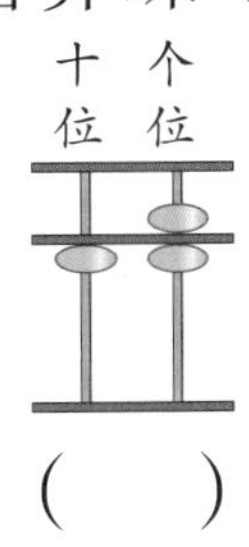

(　　)

十位 个位

(　　)

十位 个位

(　　)

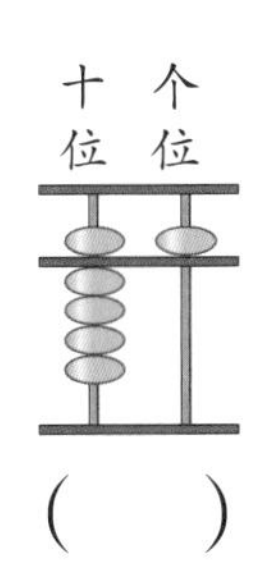

(　　)

4 按顺序将 51 ～ 100 的数填完整。

51								59	60
	62						68		
		73				77			
			84		86				
				95					

（1）69，89后的一个数分别是几？

（2）80，100前面的一个数是几？

（3）根据上表把下图所缺的数补上。

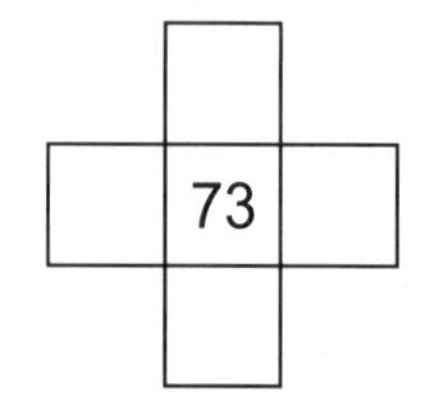

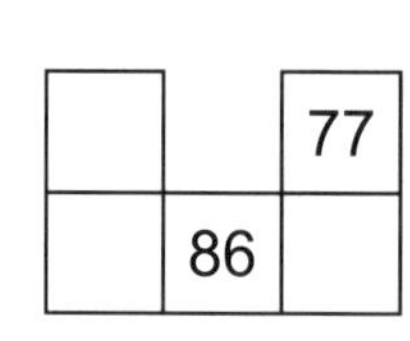

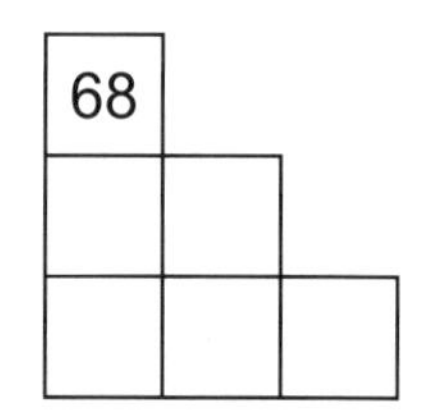

5 小羊要回家，按照 51 ～ 70 的顺序走就可以到达了。

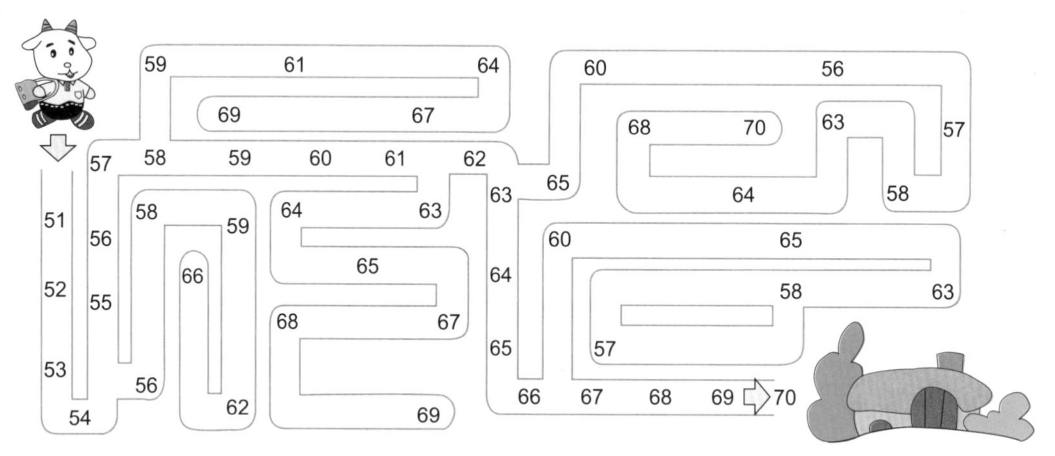

6 在下面的□里填数，使它们有规律地排成一列。

（1）45 50 □ □ □ □ 75 □ □ □

（2）60 61 63 66 □ □ □ 88 □

7 从下面的数字中选两个组成两位数，写下来，看谁写得多。

3　5　7　9

（1）你写的数中，最小的是□，最大的是□。

（2）个位是7的数按从小到大的顺序排列：

□ < □ < □

（3）十位是7的数按从大到小的顺序排列：

□ > □ > □

8 给下面的数排序。

（1） 70　50　90

___ < ___ < ___

（2） 78　88　87

___ > ___ > ___

（3） 58　55　72　64

___ < ___ < ___ < ___

（4） 98　89　99　96

___ > ___ > ___ > ___

挑战台

50 < ___ < ___ < ___ < ___ < ___ < ___ < ___ < 90

___ < ___ < 56 < ___ < ___ < ___ < 80 < ___ < ___

【21】

数的比较

1 用“>”或“<”连接不相等的三个数。

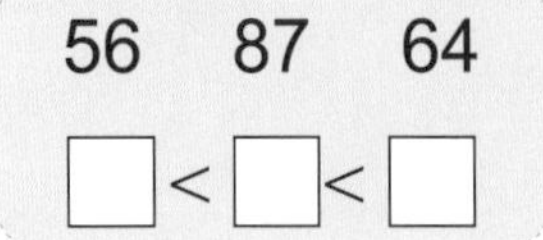

56　87　64

□<□<□

81　70　93

□>□>□

2 用“⟶”表示大于，用“⟵”表示小于。

87>56，表示为87 ⟶ 56。

64<87，表示为64 ⟵ 87。

93>81>70，表示为

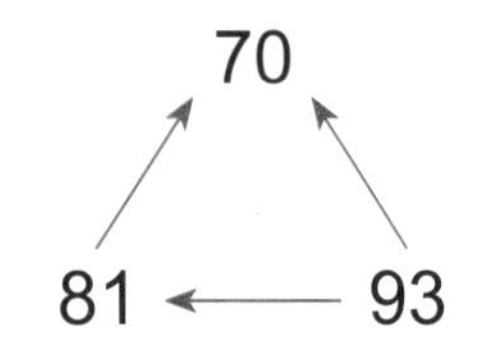

56<64<87 怎样表示呢？在□里填上合适的数。

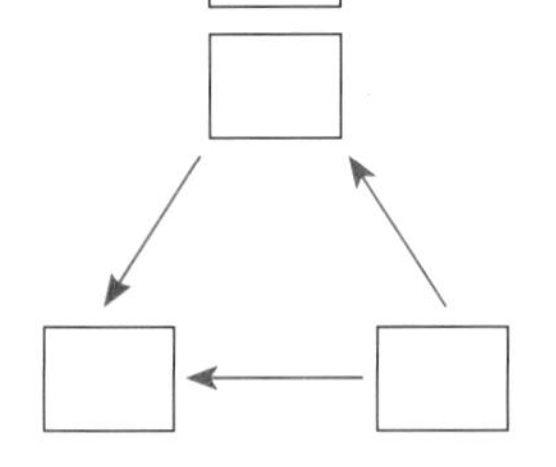

3 “⟶”表示大于，如“□ ⟶ □”表示射出的大，射进的小。

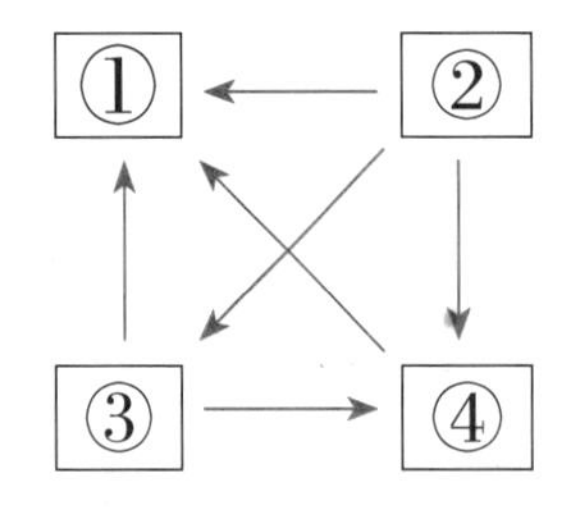

②只有射出的数，最大。

①只有射进的数，最小。

③与④谁大呢？

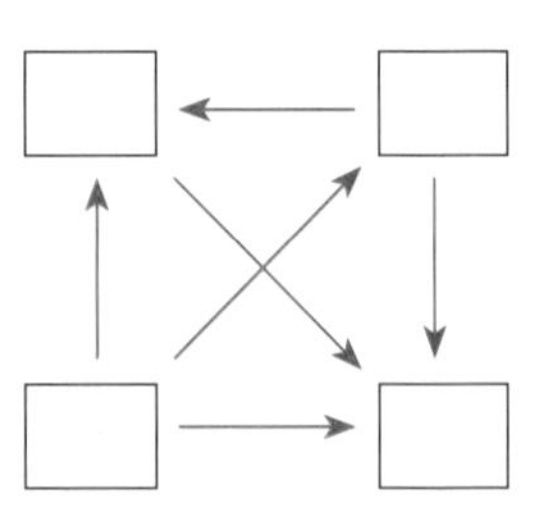

把48，57，75，82这四个数分别填入□里。

4 “——→”表示大于，给最大的画“△”，最小的画“×”。

（1）

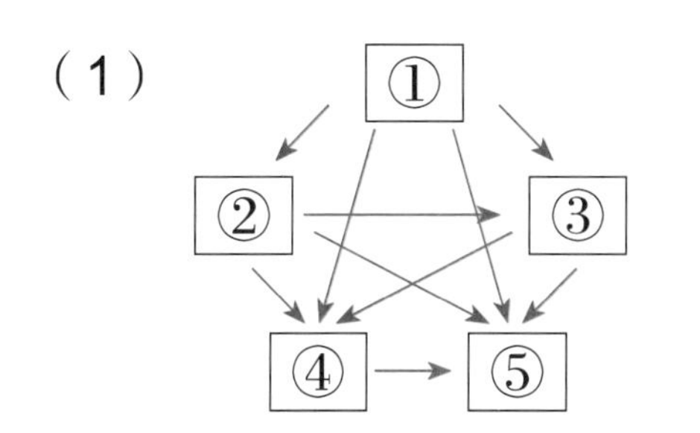

（2）

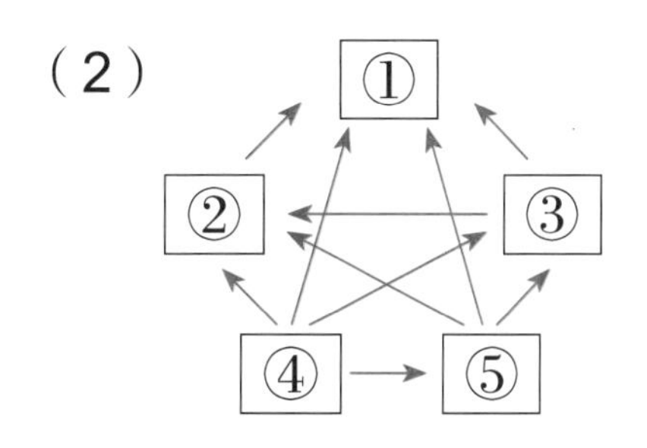

5 “——→”表示大于。请把 36，54，69，71，90 分别填在合适的□里。

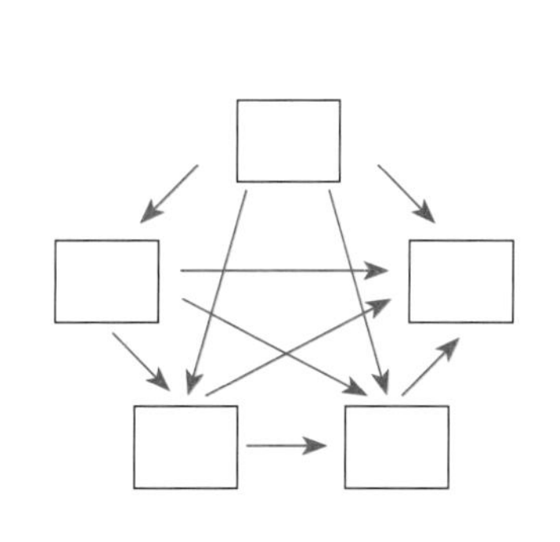

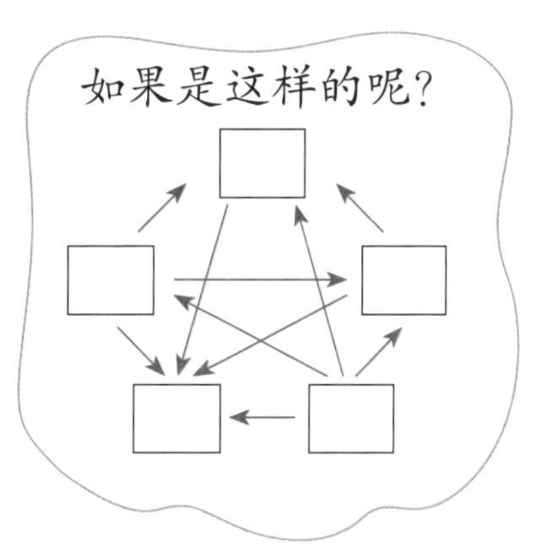

6 用“——→”表示“比……多”。白球比红球少；黄球比白球多，比蓝球少；黑球比蓝球多，比红球少。在下面的方格之间画出箭头，并按从多到少的顺序排列。

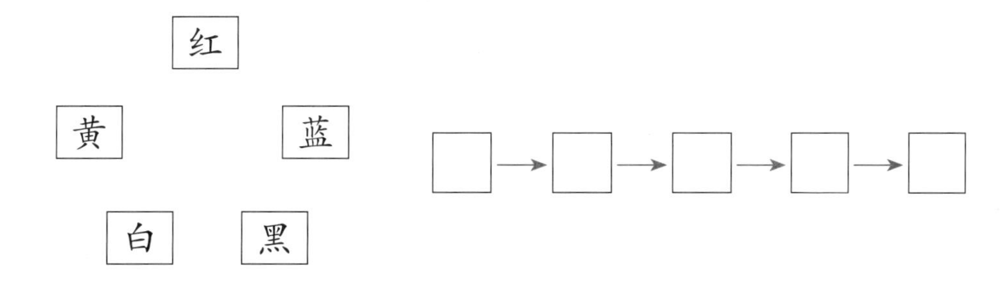

7 看图，按要求在□里填数。

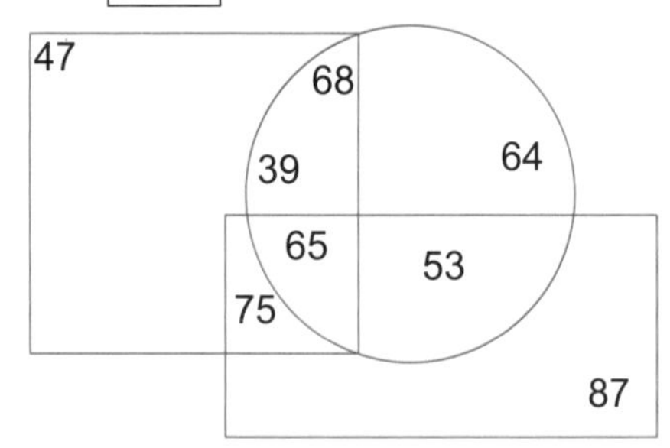

（1）正方形内比68大的数是□。

（2）圆和长方形外面的数是□。

（3）长方形内，正方形外比87小的数是□。

（4）既在长方形和正方形内，也在圆内的数是□。

挑战台

（蚱蜢）3格3格地跳，（青蛙）5格5格地跳。

（1）从0开始跳，写出（蚱蜢）跳到的数，跳到15跳了几次？跳到45跳了几次？

0　3　□　□　□　15

（2）从0开始跳，写出（青蛙）跳到的数，跳到15跳了几次？跳到45跳了几次？

0　5　□　15

（3）从53开始跳，分别写出（蚱蜢）、（青蛙）跳到的数和它们共同跳到的数。

53	54	55	56	57	58	59	60	61	62
63	64	65	66	67	68	69	70	71	72
73	74	75	76	77	78	79	80	81	82
83	84	85	86	87	88	89	90	91	92
93	94	95	96	97	98	99	100		

【22】

不进位加

1 看一看，填一填。

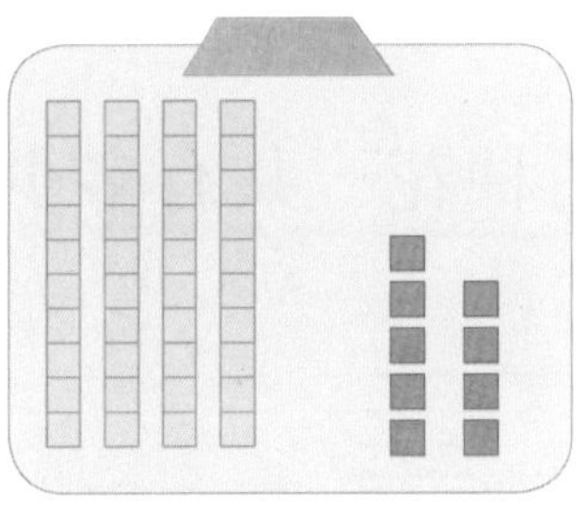

40 + 9 = □

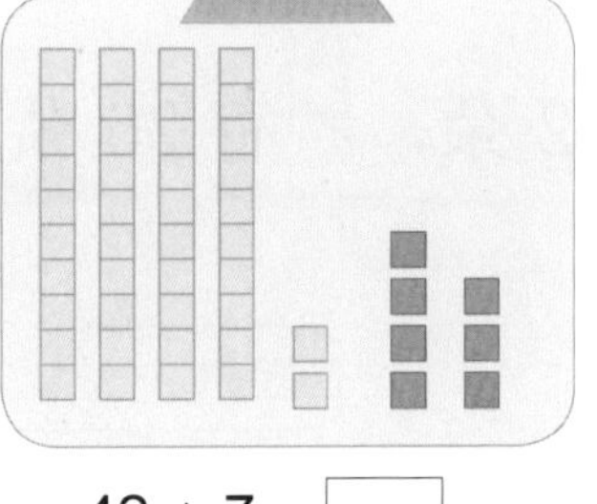

42 + 7 = □

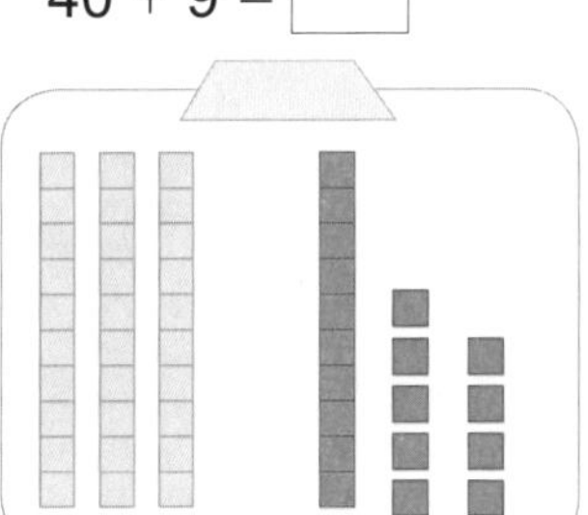

30 + □ = □

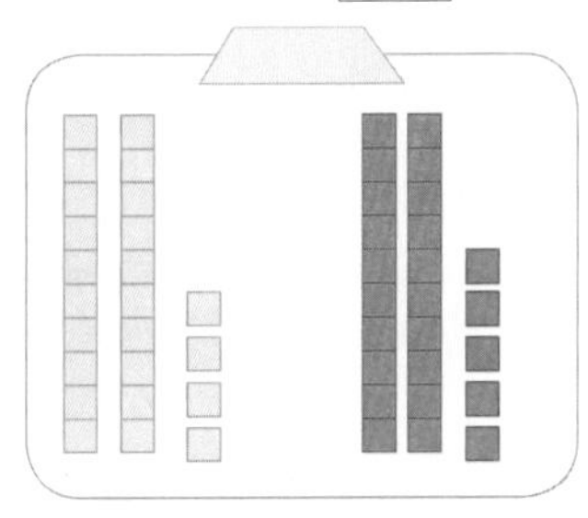

24 + □ = □

20 + 30 = 50 3 + 5 = 8 23 + 35 = 58	30 + 40 = □ 2 + 7 = □ 32 + 47 = □
50 + 10 = □ 4 + 3 = □ 54 + 13 = □	70 + 20 = □ 1 + 6 = □ 71 + 26 = □

3

$$\begin{array}{r} 3\ 0 \\ +5\ 7 \\ \hline 8\ \square \end{array} \qquad \begin{array}{r} 6\ 2 \\ +\ \ 5 \\ \hline 6\ \square \end{array} \qquad \begin{array}{r} 4\ 1 \\ +3\ 6 \\ \hline \square\square \end{array} \qquad \begin{array}{r} 1\ 5 \\ +8\ 4 \\ \hline \square\square \end{array}$$

4 从下面的数中选出两个来完成加法等式，每个数只能用一次。

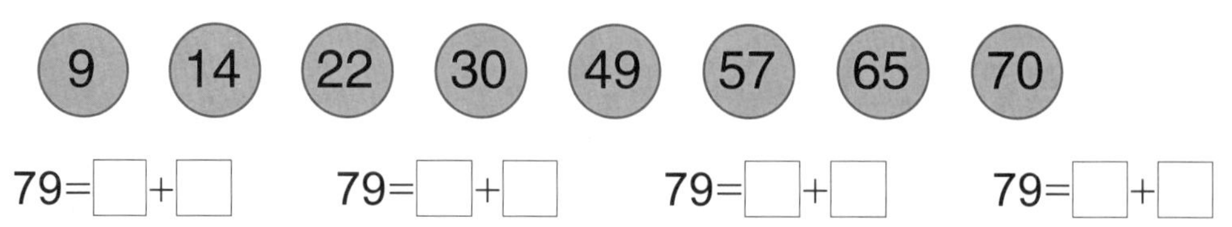

79=□+□　79=□+□　79=□+□　79=□+□

5 （花）有 42 朵，（花）有 36 朵，两种花一共有多少朵？

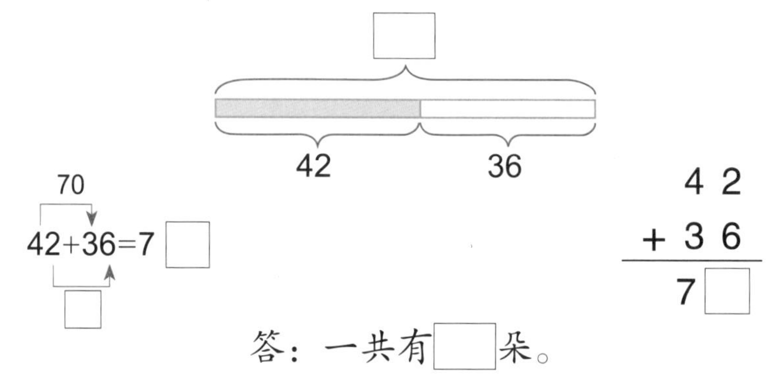

答：一共有□朵。

6 买玩具。

（1）买（机器人）和（直升机）要付多少元钱？

（2）买（熊）和（滑板车）要付多少元钱？

（3）买（滑板车）（直升机）和（兔子）要付多少元钱？

7 看图写加法算式。

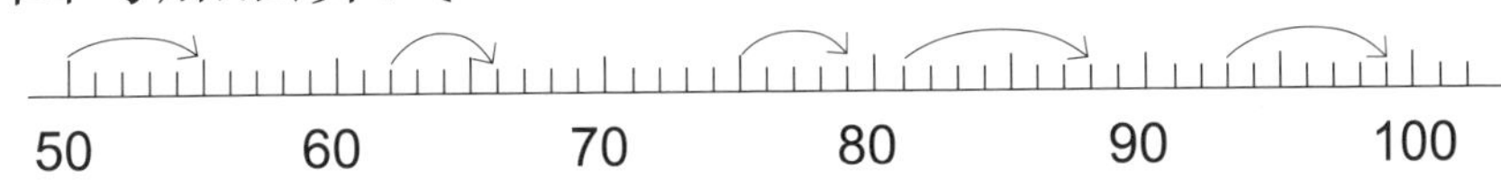

50+5=55　　62+□=□　　75+□=□

81+□=□　　93+□=□

8 计算。

37+40=　　6+53=　　72+5=

45+24=　　31+47=　　13+65=

9 把计算结果填入○内。

23	○	○
10+13 16+4+3 16+10−3	30+13 35+5+3 35+10−2	20+14 28+2+4 28+10−4

○	○	○
50+13 56+4+3 56+10−3	70+13 75+5+3 75+10−2	60+14 68+2+4 68+10−4

挑战台　　补数凑 100

37+□=100　　89+□=100　　55+□=100

63+□=100　　11+□=100　　45+□=100

46+□=100　　72+□=100　　64+□=100

54+□=100　　28+□=100　　36+□=100

【23】

不退位减

1 看一看，填一填。

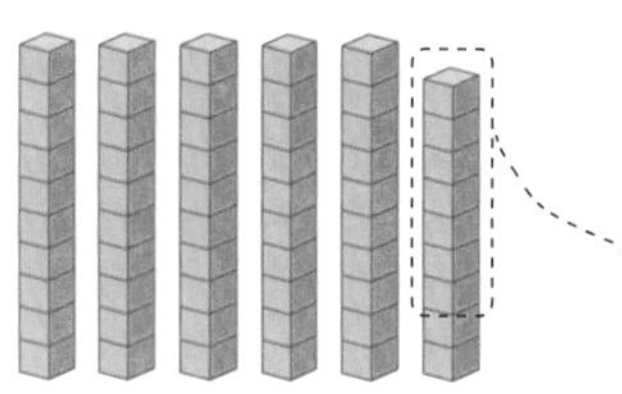

$59-7=$ □

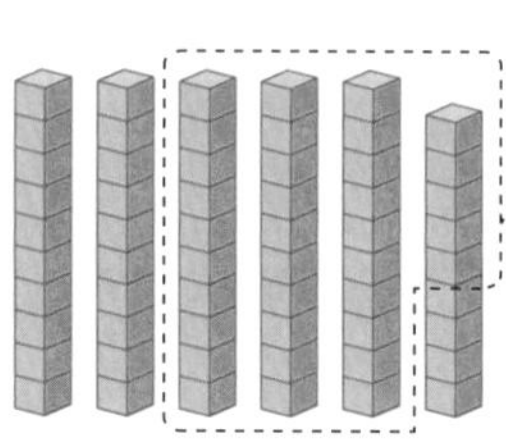

$59-35=$ □

2

$60-10=50$ $8-2=6$
$68-12=$ □

$70-40=$ □ $9-5=$ □
$79-45=$ □

$90-30=$ □ $6-1=$ □
$96-31=$ □

$80-60=$ □ $7-3=$ □
$87-63=$ □

3

$$\begin{array}{r} 58 \\ -\ 36 \\ \hline 2\square \end{array} \quad \begin{array}{r} 36 \\ -\ \ 4 \\ \hline 3\square \end{array} \quad \begin{array}{r} 87 \\ -\ 42 \\ \hline \square\square \end{array} \quad \begin{array}{r} 98 \\ -\ 48 \\ \hline \square\square \end{array}$$

4 看图写减法算式。

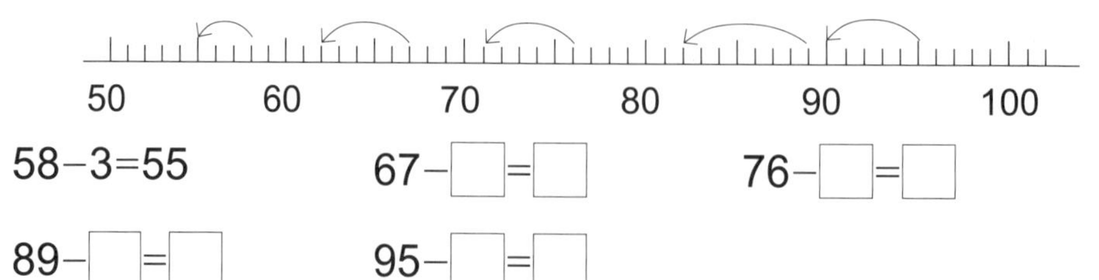

$58-3=55$　　$67-$□$=$□　　$76-$□$=$□

$89-$□$=$□　　$95-$□$=$□

5 依次在□里填数。

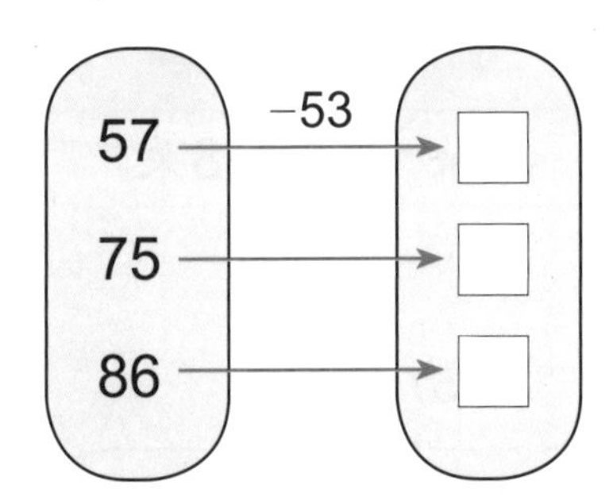

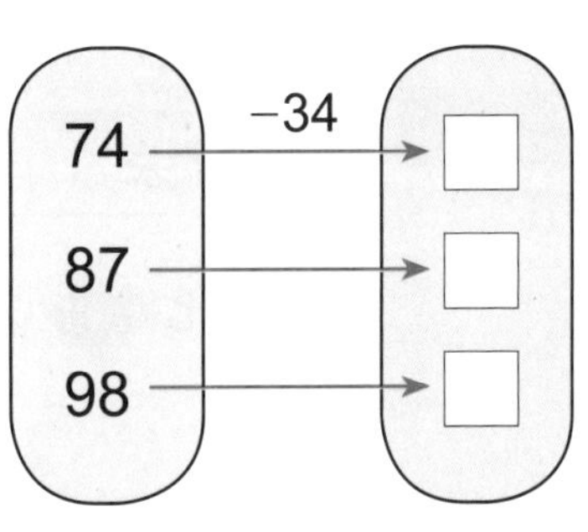

6 用方框里的数组成不退位的减法算式。

68 59 75 20 84	−	20 5 32 7 11 15 35	=	48 63 44 40 60 57 55 52

68 − 20 = 48

7 依次在□里填数。

（1）

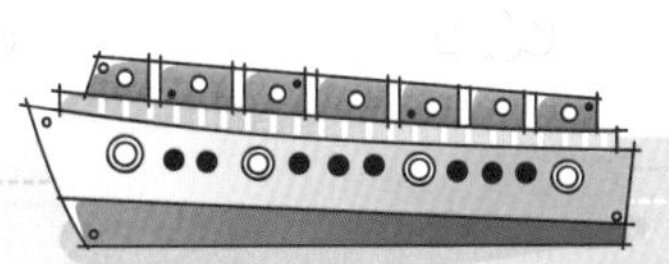

可乘85人

已乘50人　　还能乘□人

（2）

🌼	🌺	🌸	🌻
57朵	35朵	43朵	68朵

比 多多少朵？

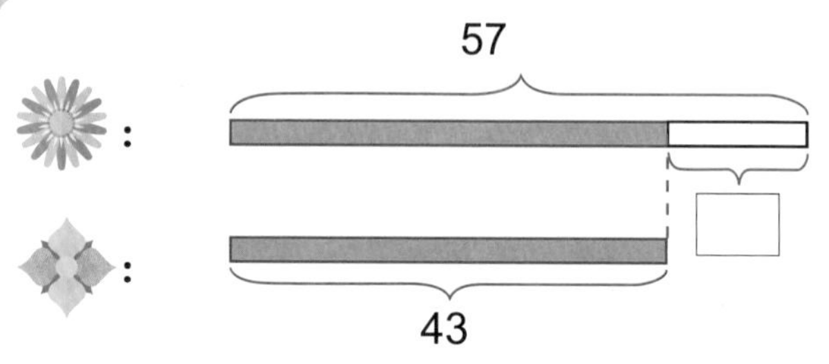

比 少多少朵？

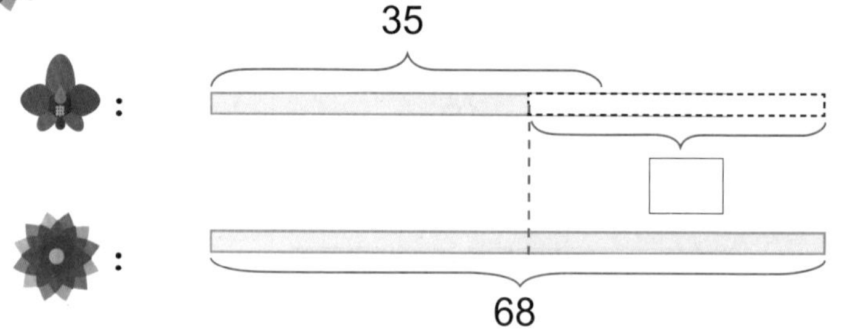

挑战台

+ =40　　　　 =______

− =10　　　　 =______

+ =　　　　 =______

+ =　　　　 =______

 = +　　　　 =______

【24】

加减练习

1 比一比，算一算。

15 + 5=□	14 + 6=□	12 + 8=□
45 + 5=□	64 + 6=□	32 + 8=□
45 + 15=□	64 + 26=□	32 + 38=□

2 比一比，算一算。

10 − 6=□	10 − 8=□	10 − 3=□
50 − 6=□	40 − 8=□	60 − 3=□
50 − 16=□	40 − 28=□	60 − 33=□

3

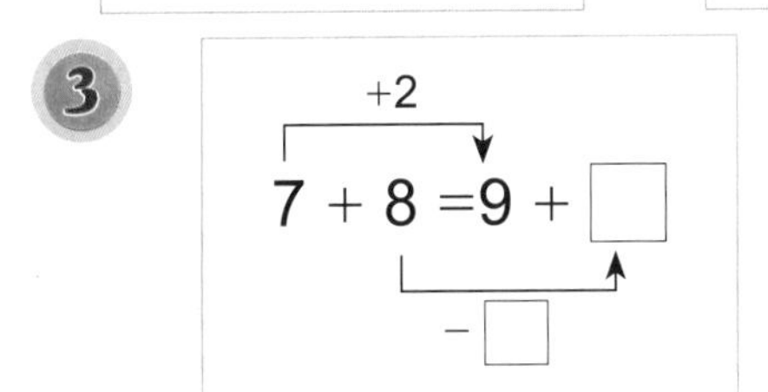

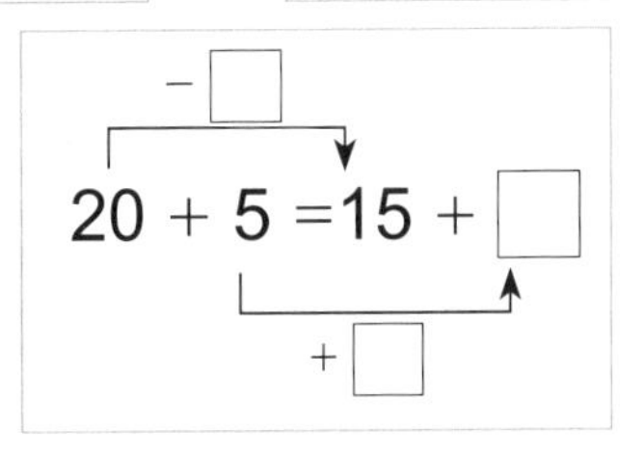

50 + 40=60 + □

50 + 40=63 + □

30 + 50=40 + □

30 + 50=36 + □

4 在○里填“>”“<”或“=”。

78 − 35 ○ 40　　80 ○ 100 − 30

32 + 40 ○ 80　　65 ○ 68 − 13

45 + 23 ○ 65　　69 ○ 24 + 50

5 找出数列中字母表示的数，写在空格里。

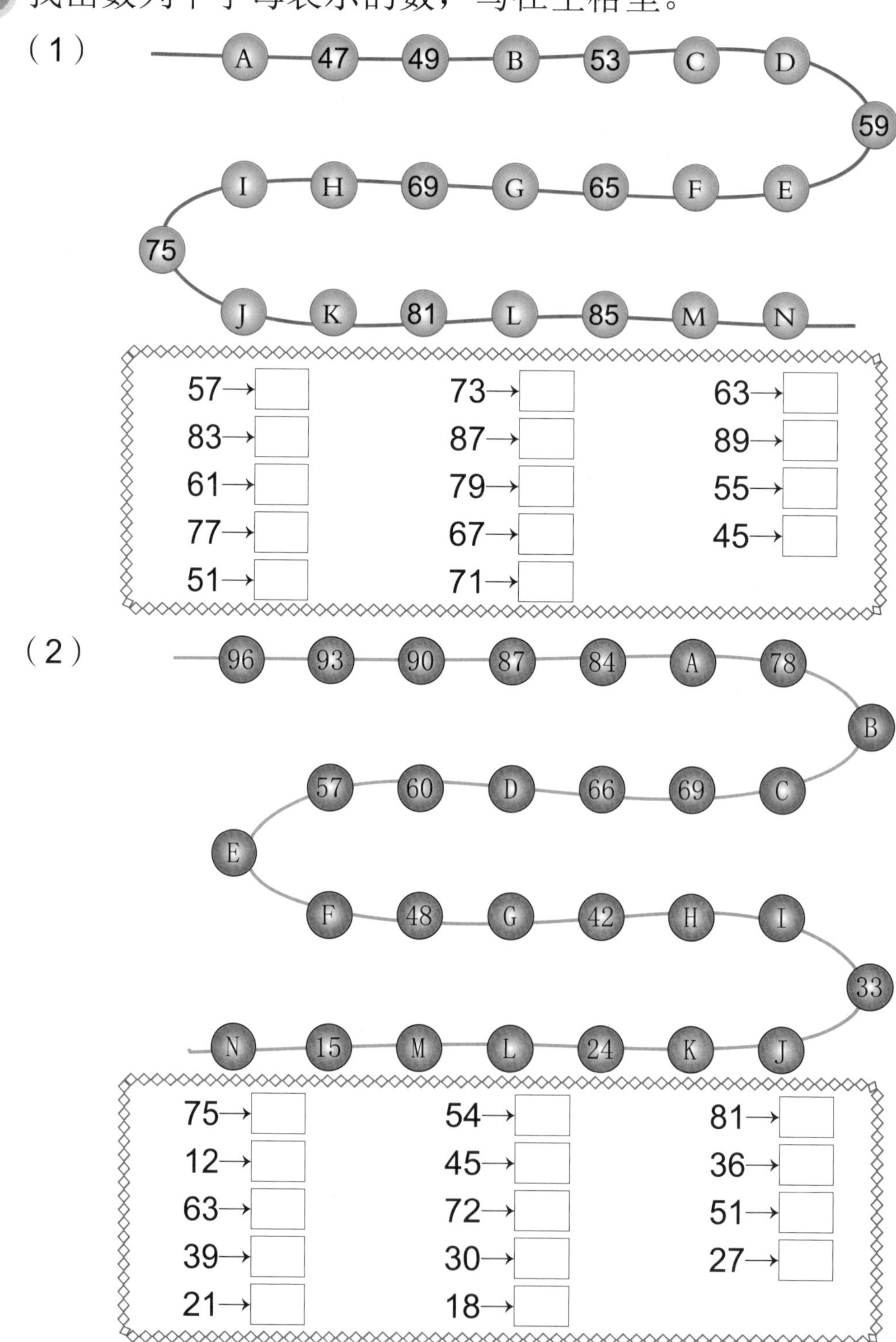

6 在数表中做加减法。

+	13	14	15
12			
23			
24			

+		25	
		67	
32	56		
43			79

7 连环计算。

（1）

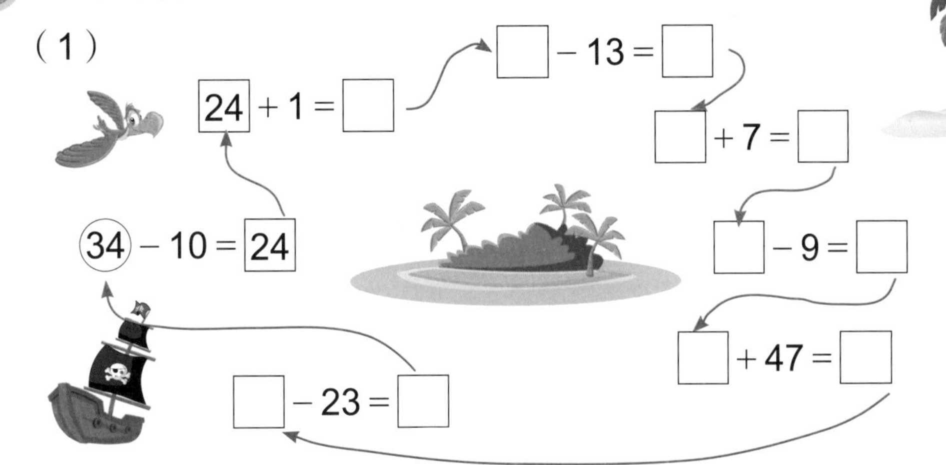

（2）

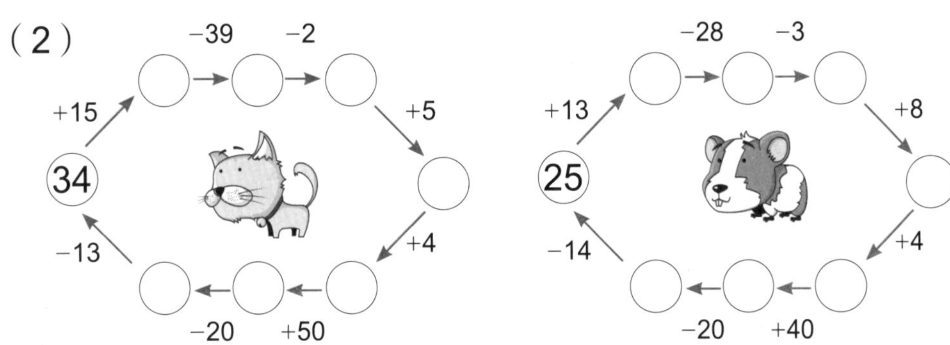

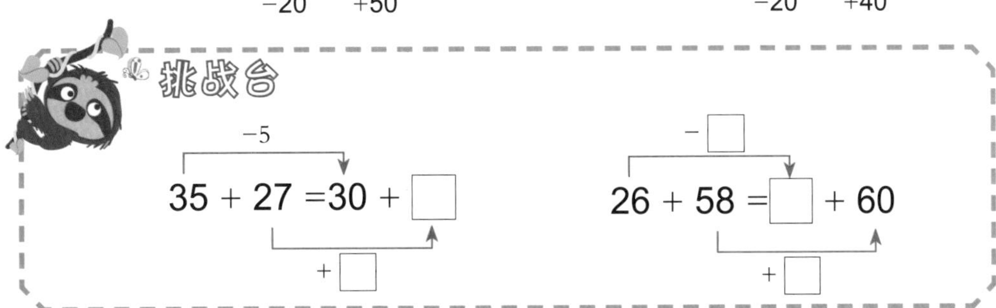

【25】

两位数与一位数进位加

1 你会计算58+7吗？

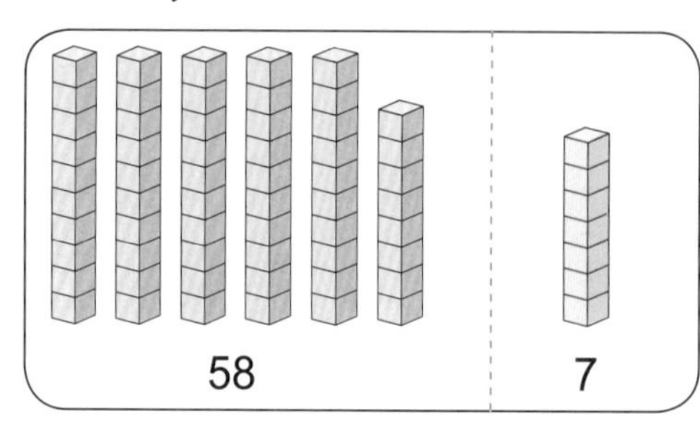

58 + 7

8 + 7 = 15

50 + 15 = □

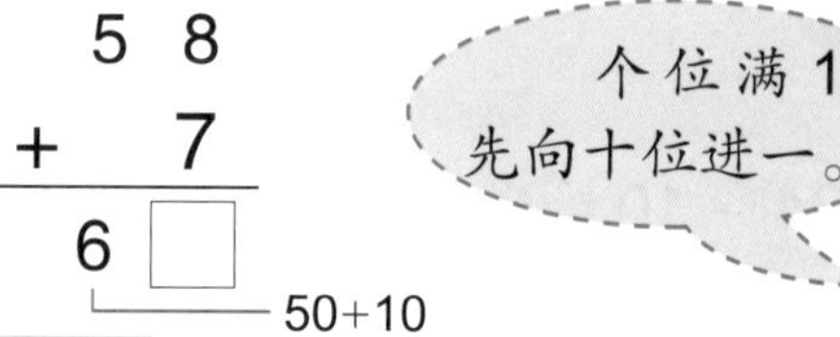

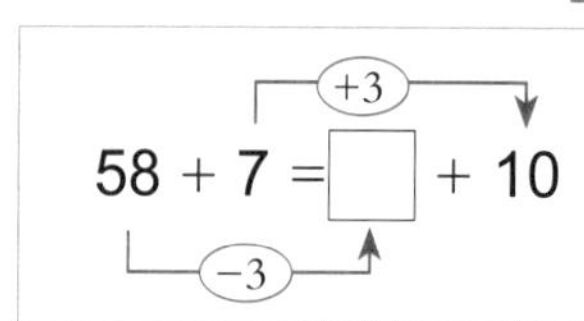

58+10−3= □

2 说一说，比一比。

46 + 8 =

46 + 8 = □

46 + □ =50

50 + □ = □

(+4) 46 + 8 =50 + □ (−4)

46 + 8 = □

6 + 8 = □

40 + □ = □

(−6) 46 + 8 =40 + □ (+6)

46 + 8 = □

46 + 10= □

56 − □ = □

(+2) 46 + 8 = □ +10 (−2)

3

8+7=15
48+7= □
58+7= □
68+7= □
78+7= □

6+8= □
16+8= □
36+8= □
56+8= □
76+8= □

9+6= □
29+6= □
49+6= □
69+6= □
89+6= □

4 在□里填合适的数。说说你是怎样填的。

（1）

78 + 5= 70 + □
= □

87 + 4= 80 + □
= □

69 + 6= 60 + □
= □

57 + 9 = 57+10− □
= □

46 + 8= 46 +10− □
= □

69 + 5= 69+10− □
= □

（2）

57 —(+5)→ □
+□ ↘ 60 ↗ +□

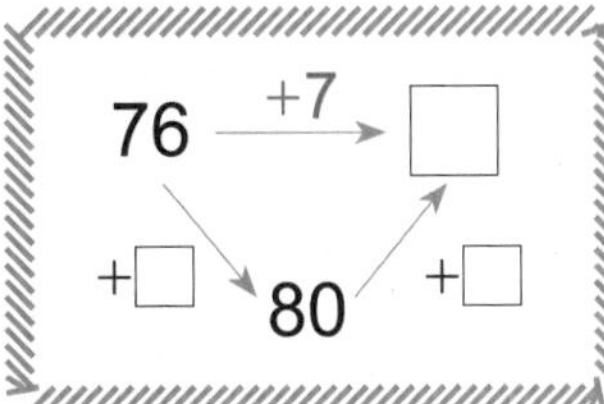

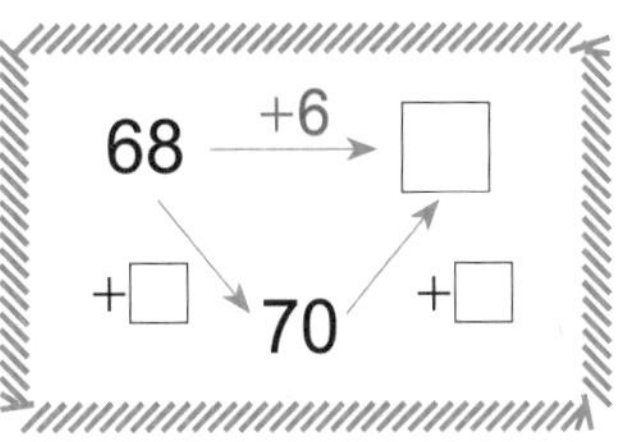

57 —(+9)→ □
+10 ↘ □ ↗ −□

76 —(+7)→ □
+10 ↘ □ ↗ −□

68 —(+6)→ □
+10 ↘ □ ↗ −□

5 在数表中做加法。

+	5	6	7	8	9
67					
75					
86					

6 从4，5，6，7，8，9六个数字中选三个，组成两位数加一位数进位加法算式，看谁写得多，算得对。

$45+6=51$　　$45+7=52$

7

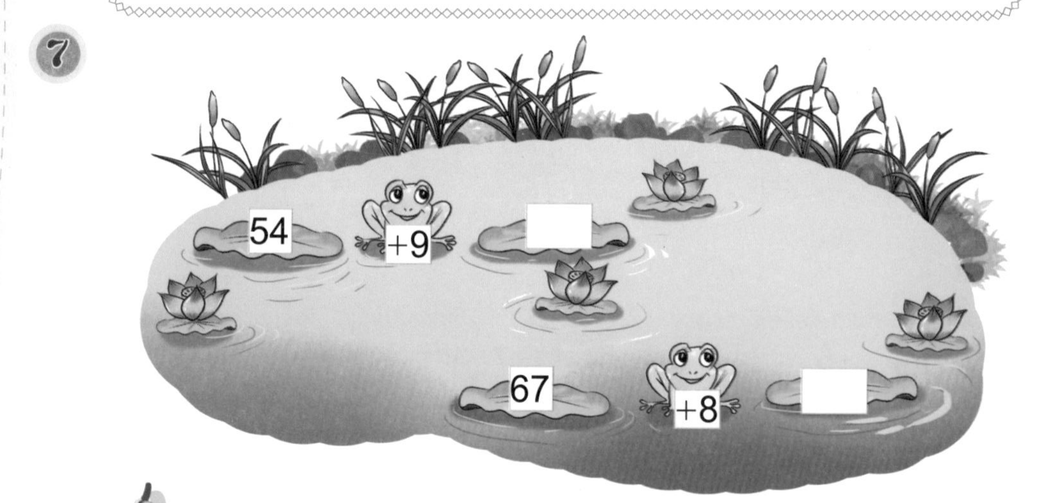

挑战台

在□里填上合适的数。

4□	□7	6□	7□
+ 8	+ □	+ 6	+ □
□3	65	□4	82

【26】

进位加练习

1 计算。

```
  7 6       4 7       5 9       8 3         8
+   9     +   6     +   6     +   7     + 4 4
-----     -----     -----     -----     -----
  8□        5□       □□        □□        □□
```

2 计算。

9 + 45 =　　66 + 4 =　　49 + 6 =　　7 + 77 =

58 + 7 =　　83 + 9 =　　8 + 65 =　　5 + 47 =

3 填一填。

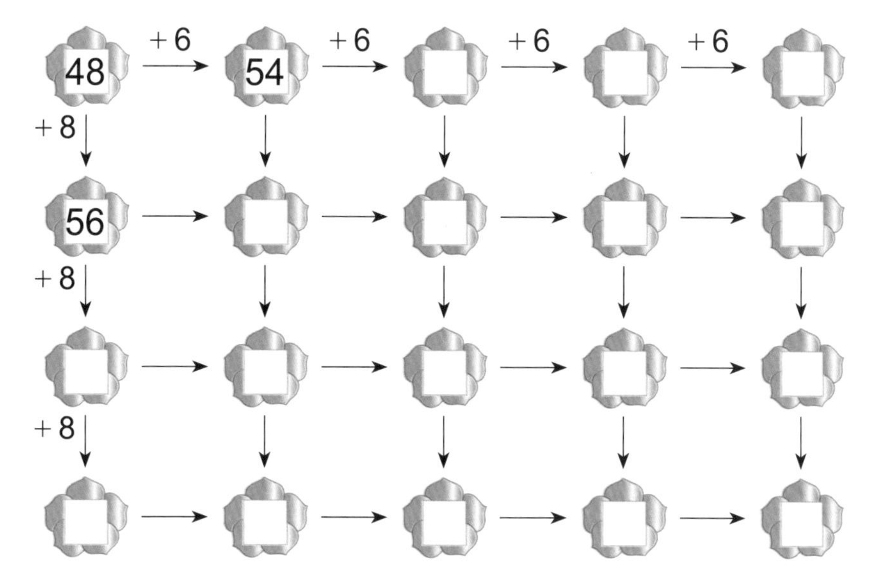

4

35 $\xrightarrow{+7}$ □ $\xrightarrow{+7}$ □ $\xrightarrow{+7}$ □ $\xrightarrow{+7}$ □ $\xrightarrow{+7}$ □

40 $\xrightarrow{+8}$ □ $\xrightarrow{+8}$ □ $\xrightarrow{+8}$ □ $\xrightarrow{+8}$ □ $\xrightarrow{+8}$ □

45 $\xrightarrow{+9}$ □ $\xrightarrow{+9}$ □ $\xrightarrow{+9}$ □ $\xrightarrow{+9}$ □ $\xrightarrow{+9}$ □

5 含三个图形的数字谜。（一个图形表示一个数字）

红花花更红
绿叶叶好绿
蓝天天真蓝

把上面三句话写成加法竖式的形式：

红花	绿叶	蓝天
＋ 花	＋ 叶	＋ 天
更红	好绿	真蓝

这些加法竖式，可以用统一的模式来表示。

▲● ＋ ● ＝ ★▲

用图形代表汉字，同一个汉字用同一个图形，不同的汉字用不同的图形。

竖式	第一个	第二个
2 6	□□	□□
＋ 6	＋ □	＋ □
3 2	□□	□□

如果★、▲、●分别代表不同的数字，你能写出两位数加一位数进位的不同图形竖式吗？

（1）▲▲ ＋ ▲ ＝ ★●

▲	5			
★	6			
●	0			

竖式	第一个	第二个	第三个
5 5	□□	□□	□□
＋ 5	＋ □	＋ □	＋ □
6 0	□□	□□	□□

（2）

$$\begin{array}{r} ▲▲ \\ +\quad ★ \\ \hline ★● \end{array}$$

▲	5			
★	6			
●	1			

$$\begin{array}{r} 5\ 5 \\ +\quad 6 \\ \hline 6\ 1 \end{array}\qquad \begin{array}{r} □□ \\ +\quad □ \\ \hline □□ \end{array}\qquad \begin{array}{r} □□ \\ +\quad □ \\ \hline □□ \end{array}\qquad \begin{array}{r} □□ \\ +\quad □ \\ \hline □□ \end{array}$$

（3）

$$\begin{array}{r} ▲● \\ +\quad ● \\ \hline ★★ \end{array}$$

▲	1			
●	6			
★	2			

$$\begin{array}{r} 1\ 6 \\ +\quad 6 \\ \hline 2\ 2 \end{array}\qquad \begin{array}{r} □□ \\ +\quad □ \\ \hline □□ \end{array}\qquad \begin{array}{r} □□ \\ +\quad □ \\ \hline □□ \end{array}\qquad \begin{array}{r} □□ \\ +\quad □ \\ \hline □□ \end{array}$$

挑战台

分别表示不同的数字。

+

① 表示的数字有哪些可能?

② 当 =3时，写出一些符合条件的竖式。

③ 当 =7时，写出一些符合条件的竖式。

【27】

两位数与一位数退位减

1 比较26-2与26-9的计算方法。

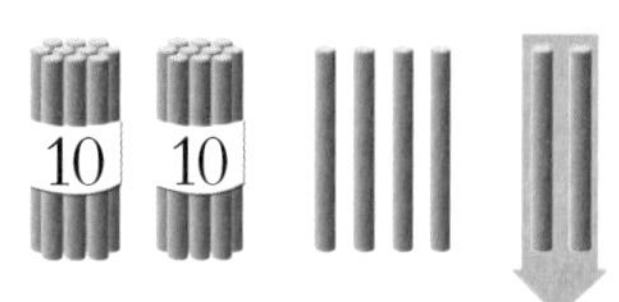

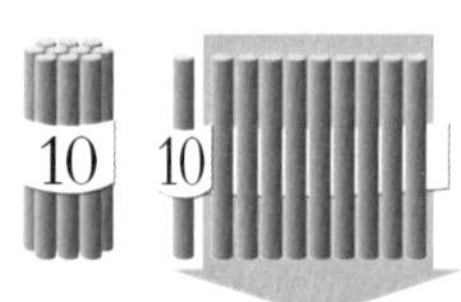

26−2=24

26−9=17

26−10=16
16+1=17

2 看图写算式。

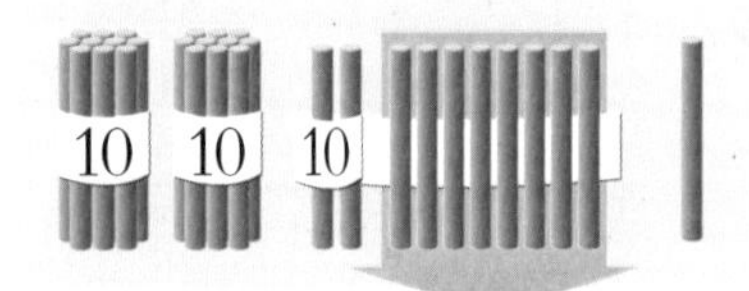

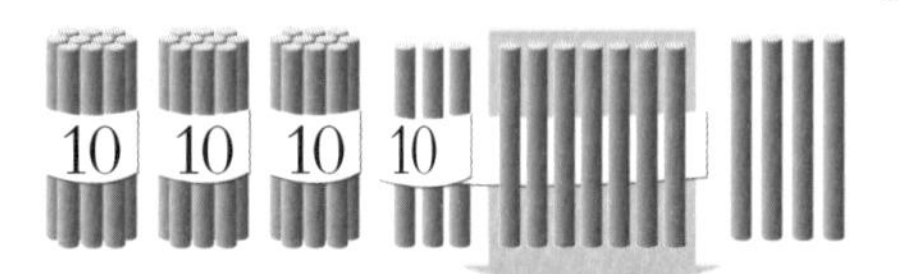

31−10+2

31−8 = □

44−7 = □

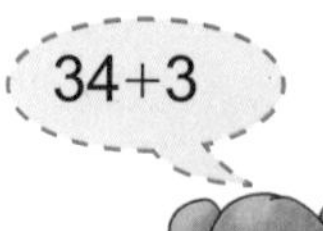

34+3

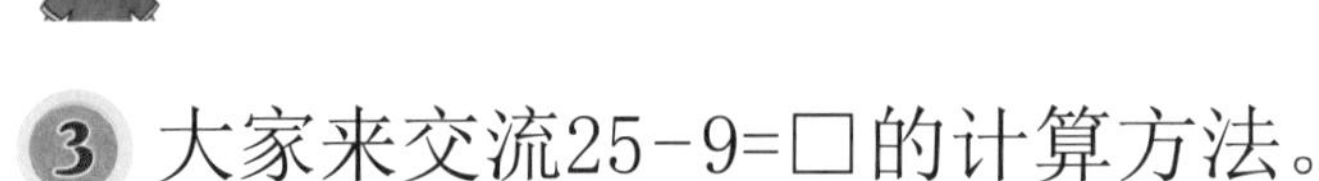

3 大家来交流25-9=□的计算方法。

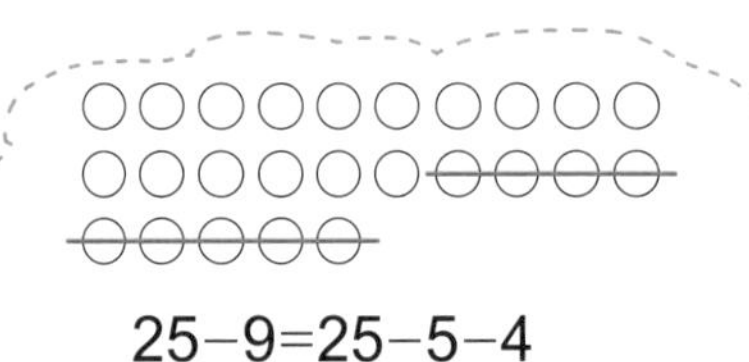

25−9=25−5−4
=20−4
=□

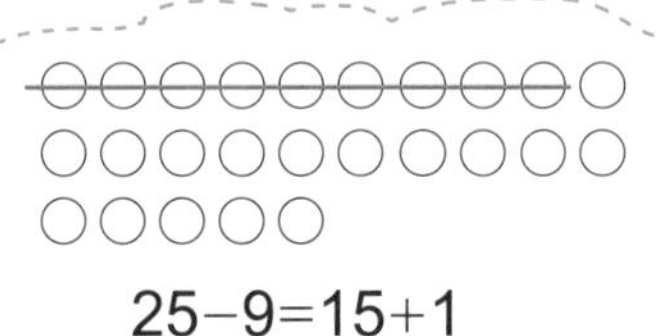

25−9=15+1
15 10
1
=□

  2 5
−   9
  1 □

个位不够减，先从十位退1，15−9=□。

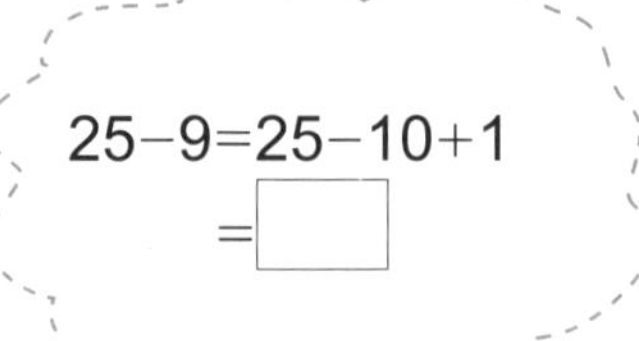

25−9=25−10+1
=□

4 分析计算方法。

（1）

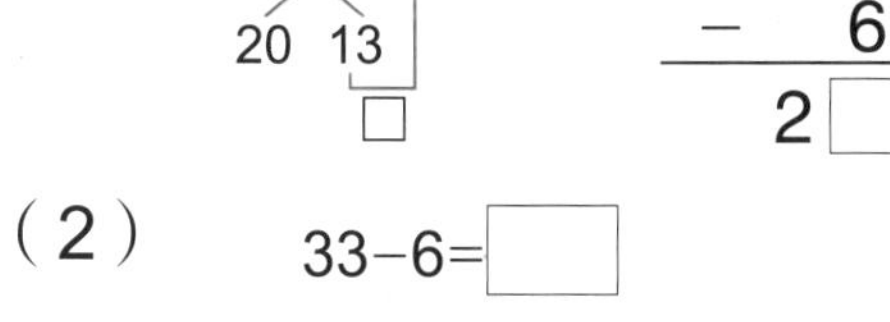

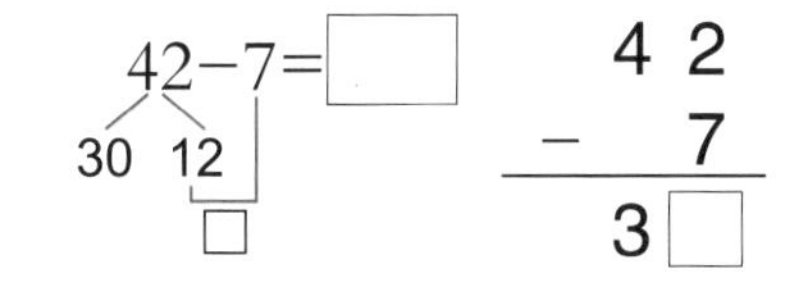

（2） 33−6=□ 42−7=□

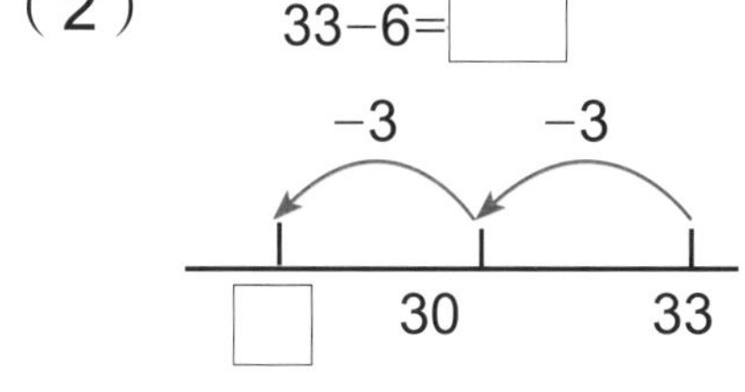

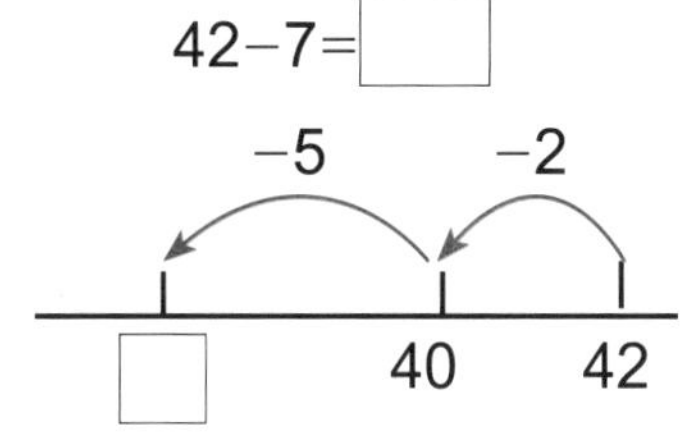

（3） 33 − 6=23 + 4

=□

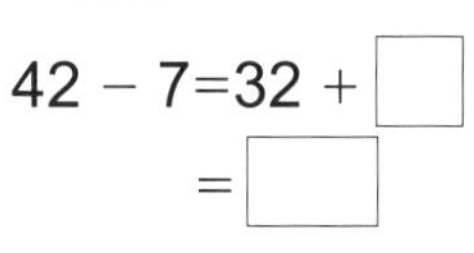

5 比一比，算一算。

12−7=□	15−8=□	14−9=□
32−7=□	45−8=□	24−9=□
52−7=□	65−8=□	84−9=□

6 直接写出得数。

46−8=	54−9=	35−6=
72−5=	61−4=	43−5=
83−6=	96−7=	62−8=

7 哪把钥匙开哪把锁？（用线连一连）

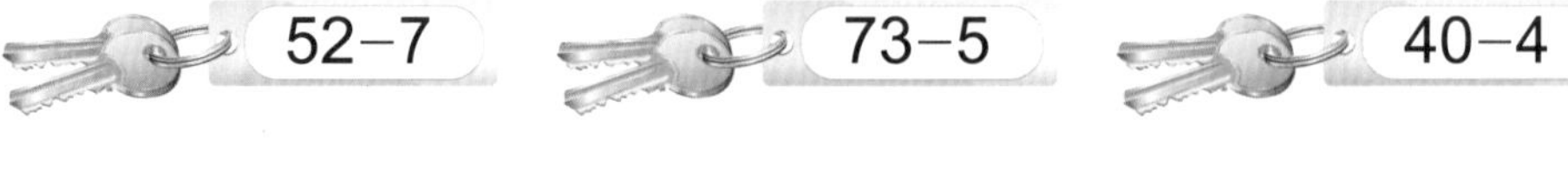

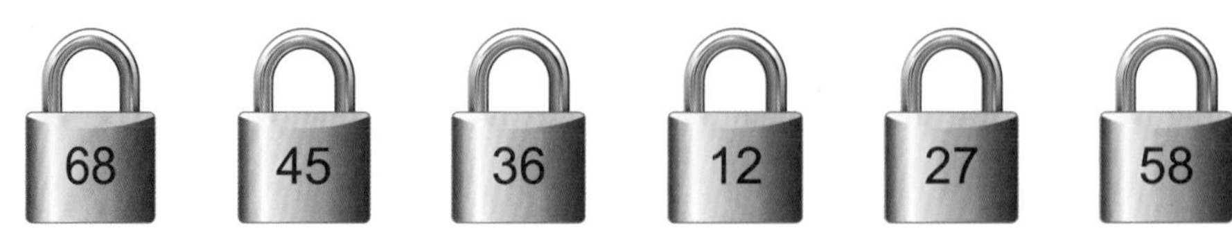

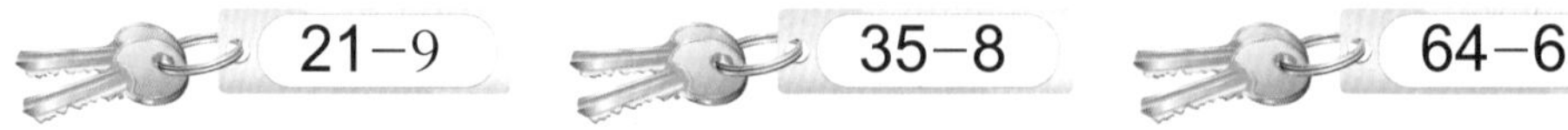

8 填空。

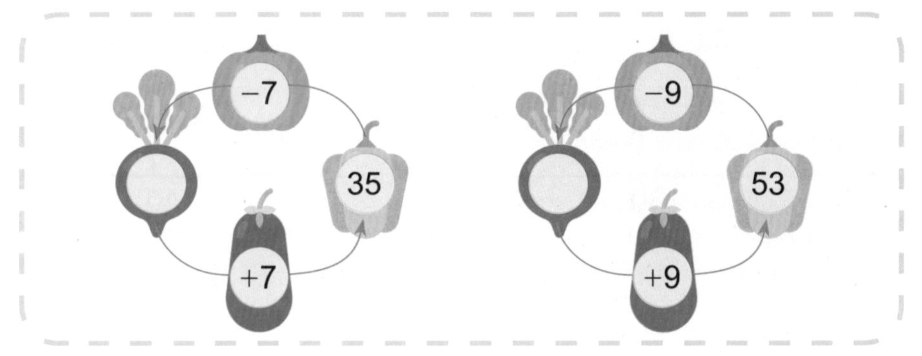

9 求图形表示的数。

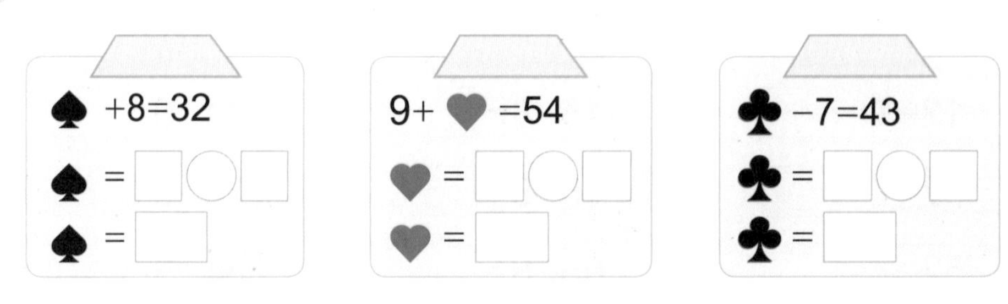

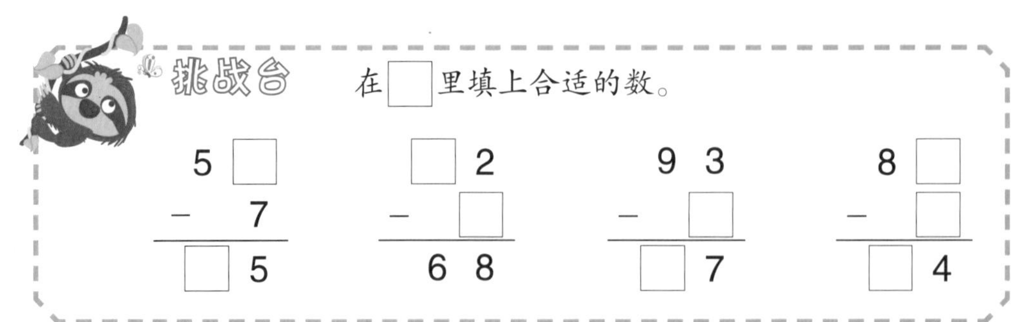

挑战台
在□里填上合适的数。
5□ − 7 = □5
□2 − □ = 68
93 − □ = □7
8□ − □ = □4

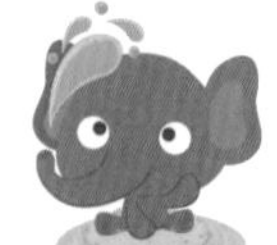

【28】

退位减练习

1

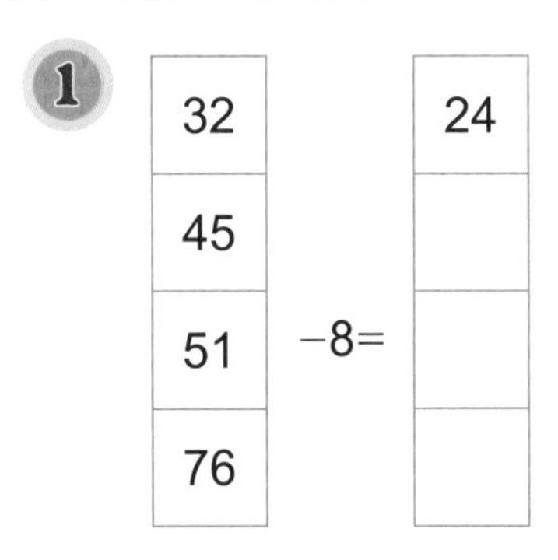

32		24
45		
51	−8=	
76		

43		
51		
75	−7=	
82		

25		
36		
44	−9=	
87		

2 从1，2，3，5，7，8六个数字中选三个，组成两位数减一位数退位减法的算式。看谁写得多，算得对。

21−3=18，21−5=16

3 找规律，填一填。

63	−7→	56	−7→	49	−7→	□	−7→	□
−9↓		↓		↓		↓		↓
54	→	□	→	□	→	□	→	□
−9↓		↓		↓		↓		↓
□	→	□	→	□	→	□	→	□
−9↓		↓		↓		↓		↓
□	→	□	→	□	→	□	→	□

4 在□里填数。

51 $\xrightarrow{-7}$ □ $\xrightarrow{-7}$ □ $\xrightarrow{-7}$ □ $\xrightarrow{-7}$ □ $\xrightarrow{-7}$ □

80 $\xrightarrow{-8}$ □ $\xrightarrow{-8}$ □ $\xrightarrow{-8}$ □ $\xrightarrow{-8}$ □ $\xrightarrow{-8}$ □

5 先在中间写上一个合适的两位数，然后填其他的数。

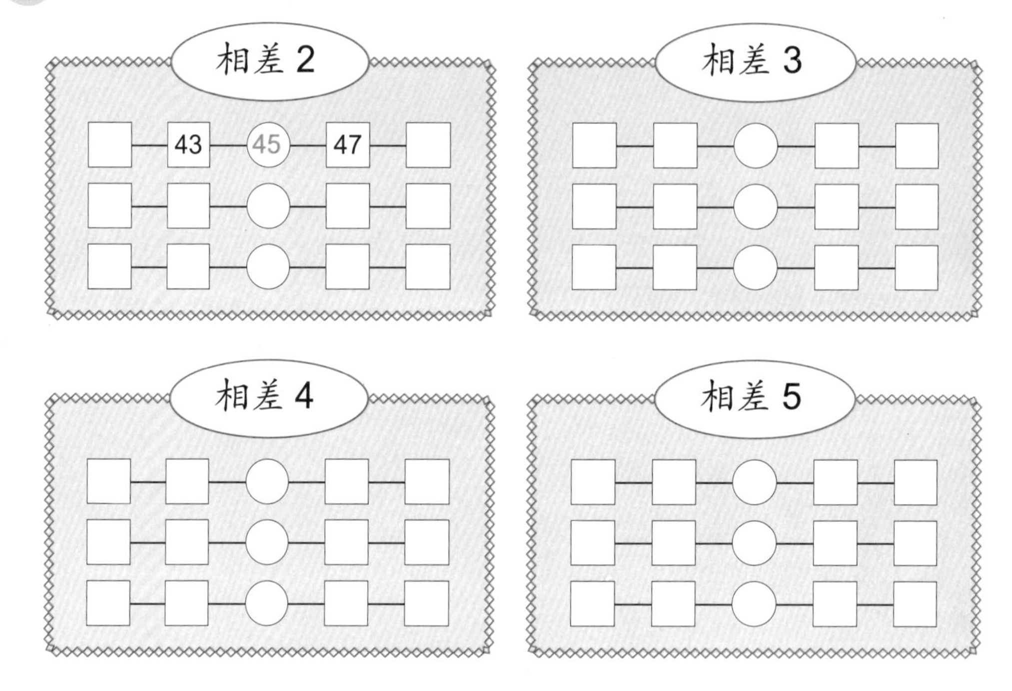

6 退位减法数字谜。

（1）如果★、▲、⬢分别代表不同的数字，有哪些可能？用竖式表示出来。

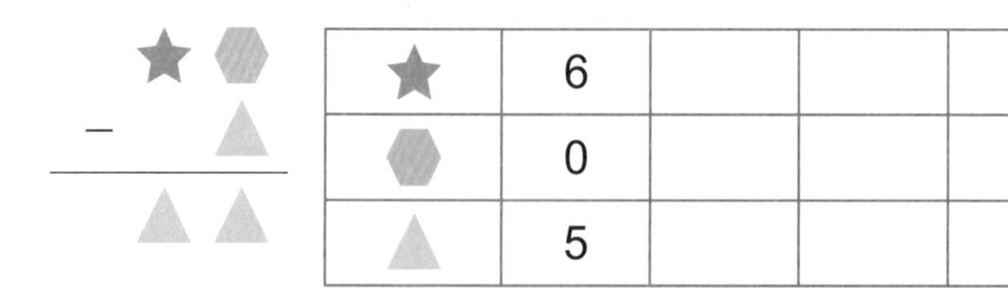

★	6			
⬢	0			
▲	5			

$$\begin{array}{r} 6\ 0 \\ -\quad 5 \\ \hline 5\ 5 \end{array} \qquad \begin{array}{r} \square\square \\ -\quad \square \\ \hline \square\square \end{array} \qquad \begin{array}{r} \square\square \\ -\quad \square \\ \hline \square\square \end{array} \qquad \begin{array}{r} \square\square \\ -\quad \square \\ \hline \square\square \end{array}$$

（2）如果🐯、🐑、🐵分别表示不同的数字，有哪些可能？用竖式表示出来。

（3）■、▲、●分别代表不同的数字，有哪些可能？

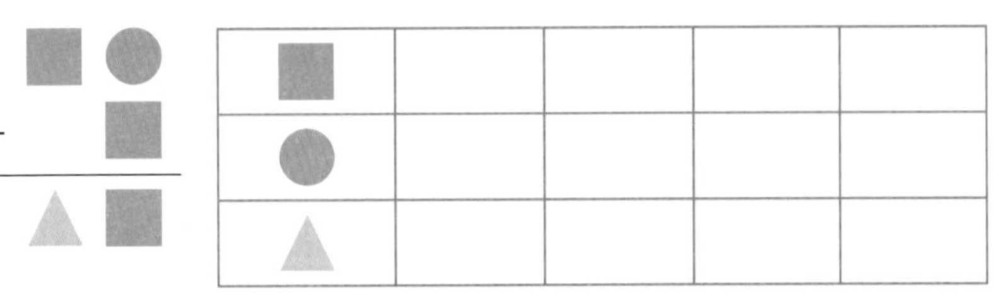

■				
●				
▲				

挑战台

分别表示不同的数字。

① 当 = 2 时，写出一些符合条件的竖式。

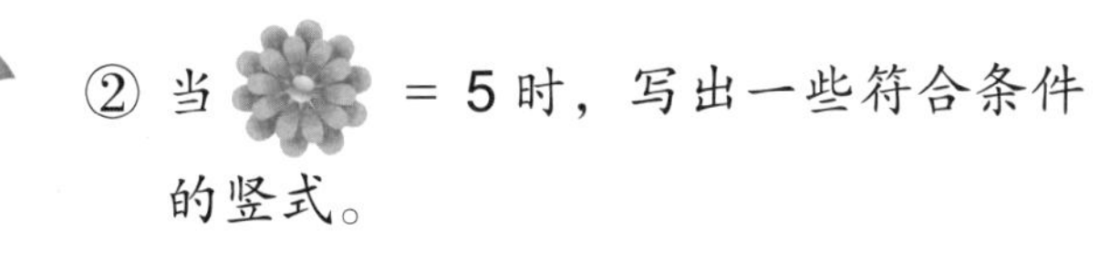

② 当 = 5 时，写出一些符合条件的竖式。

【29】

人民币

1 认识人民币。

2 填一填。

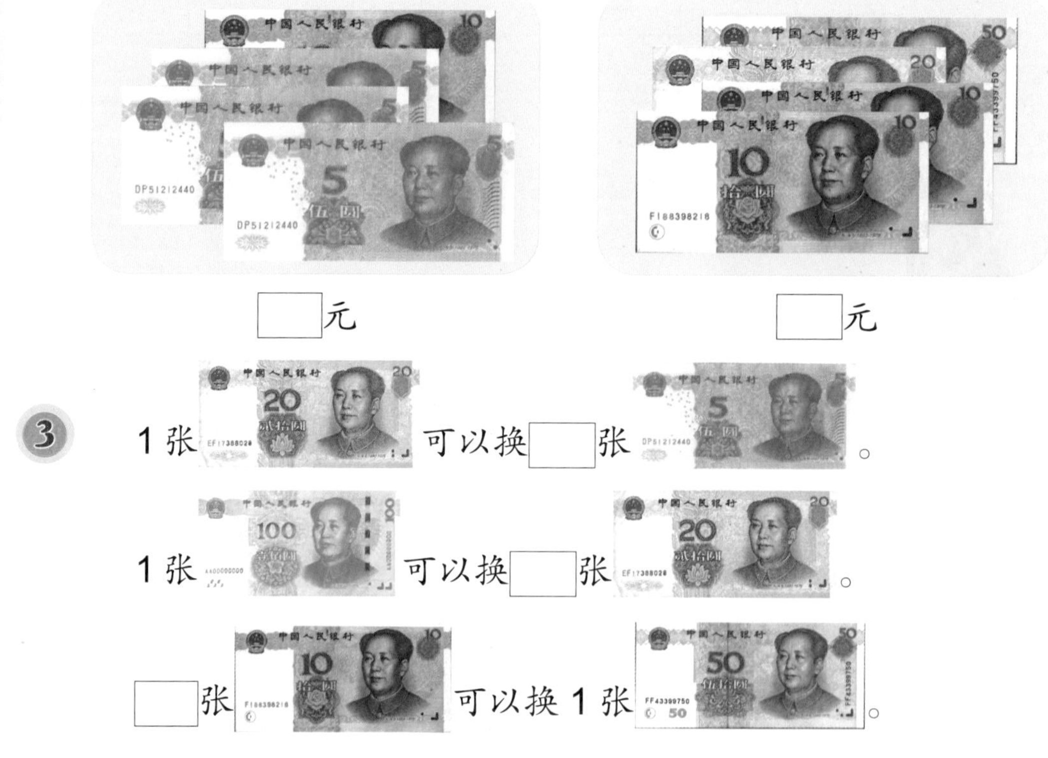

□元　　　　□元

3 1张（20元）可以换□张（5元）。

1张（100元）可以换□张（20元）。

□张（10元）可以换1张（50元）。

4 先算出钱的总数，再算一算买玩具后还剩多少钱？

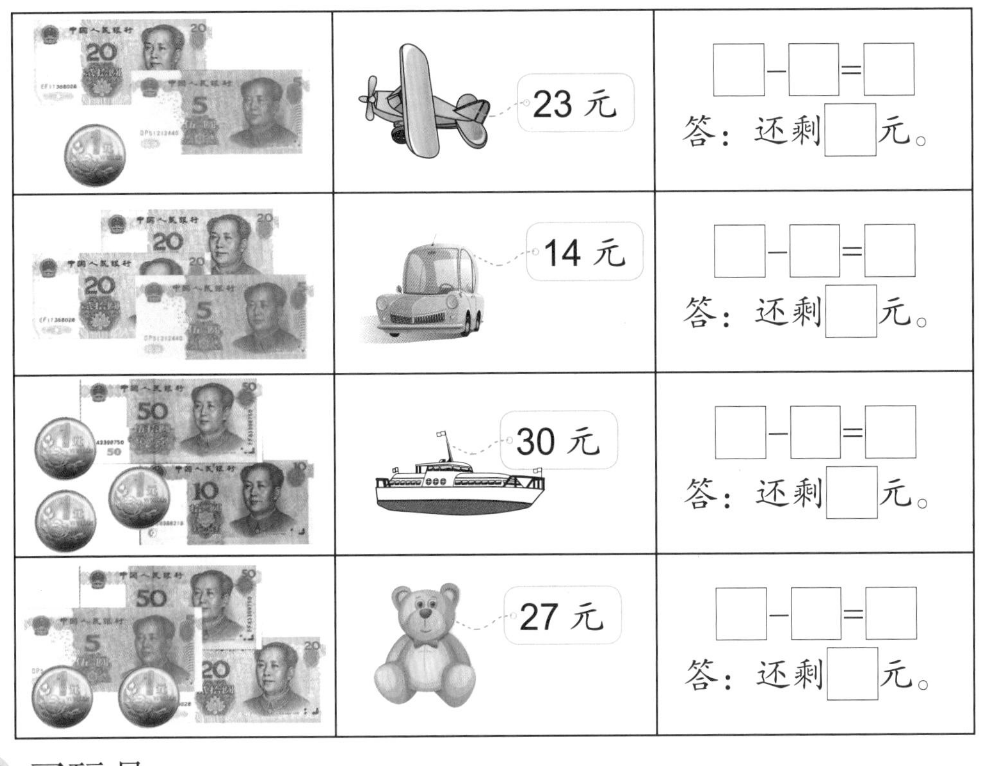

	23 元	□-□=□ 答：还剩□元。
	14 元	□-□=□ 答：还剩□元。
	30 元	□-□=□ 答：还剩□元。
	27 元	□-□=□ 答：还剩□元。

5 买玩具。

（1）买 1 辆小汽车，付出 50 元，应找回多少元？

（2）买 1 个洋娃娃，付出 50 元，应找回多少元？

（3）你想买什么？应找回多少元？

⑥ 人民币的单位有元、角、分。

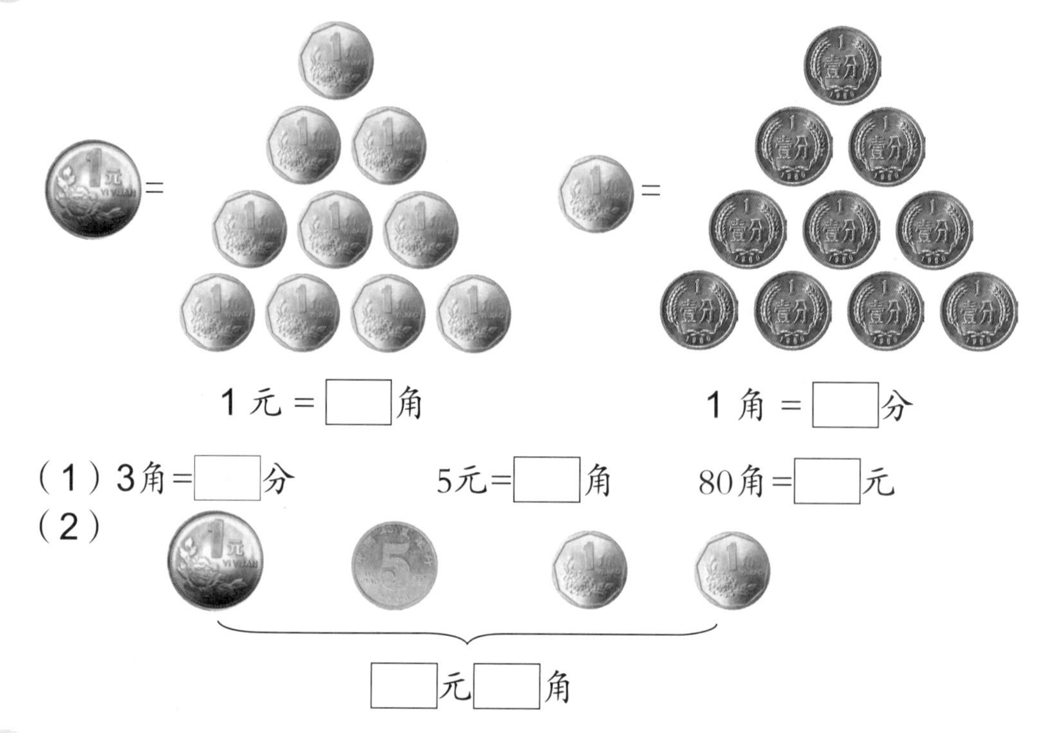

1 元 = □角　　　　1 角 = □分

（1）3角=□分　　5元=□角　　80角=□元

（2）

□元□角

⑦ 看图读一读价格，说一说意思。

3.40 元读作三点四零元。

2.50 元就是 2 元 5 角，2.50 元的小圆点把元和角分开了。

【30】

应用问题

1 算一算，比一比。

（1）（2）

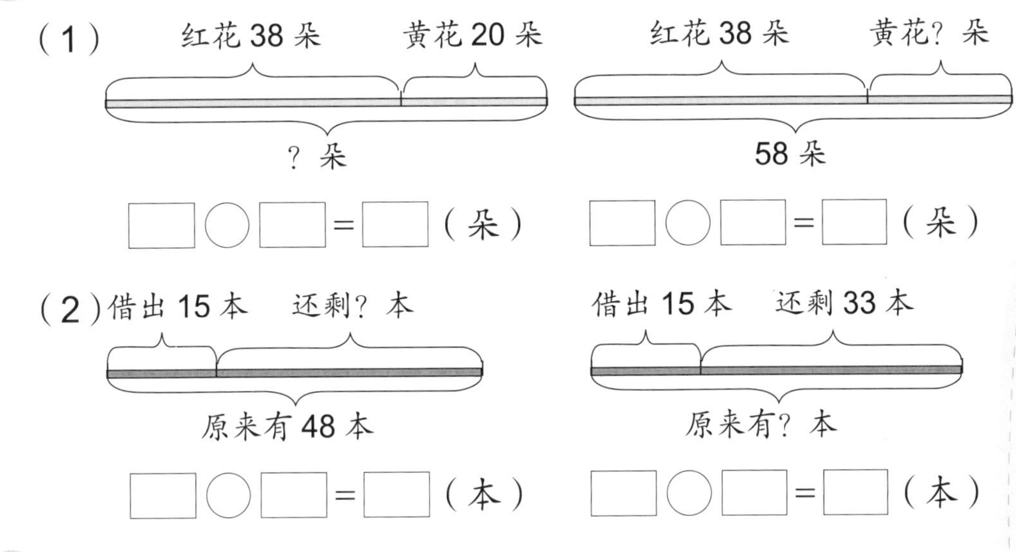

2 青蛙吃虫子。

我吃了 56 只虫子。
我吃了 30 只虫子。
丁丁
冬冬
卡卡
我吃了多少只虫子呢？

（1）卡卡和丁丁一共吃了多少只虫子？

□○□=□（只）

（2）丁丁和冬冬一共吃了74只虫子，冬冬吃了多少只虫子？

□○□=□（只）

3 运水果。

运走42箱苹果，还剩8箱。
运走8箱梨，还剩37箱。

（1）一共有多少箱苹果？

（2）一共有多少箱梨？

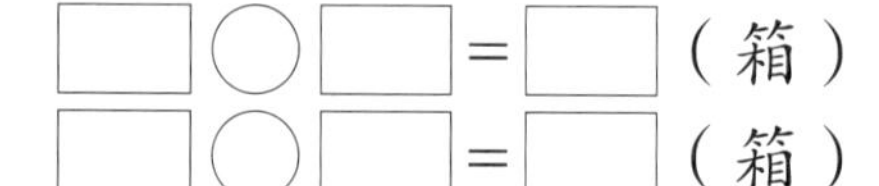

□○□=□（箱）

□○□=□（箱）

4 比较的数量与的数量。

（1）30只，23只，与相差多少只？

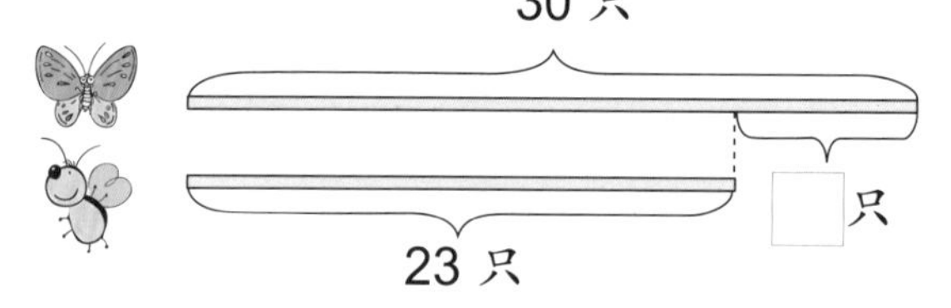

列式：________________

思考： 与相差多少只，也就是______比____多多少只，______比______少多少只。

（2）30只，比少7只，有多少只？

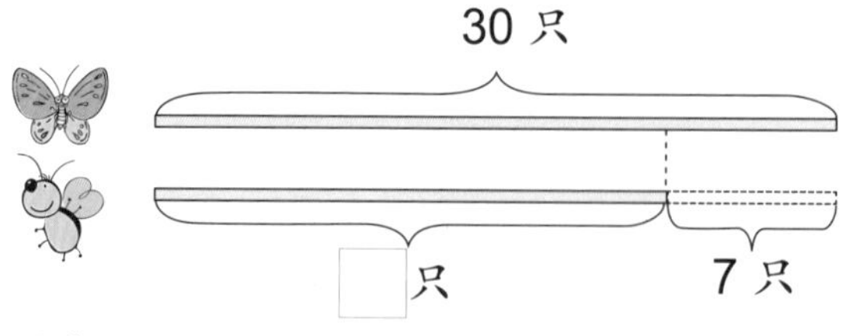

列式：________________

（3）23只，比多7只，有多少只？

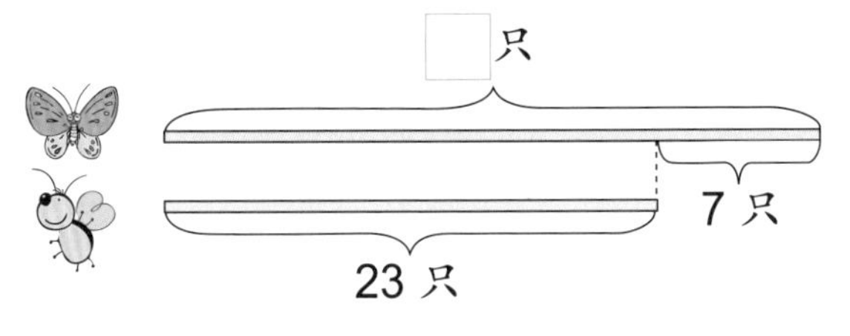

列式：________________________

5 玩具店的车。

（1）汽车24辆，童车比汽车少6辆，童车有多少辆？

（2）汽车24辆，电动车比汽车多14辆，电动车有多少辆？

（3）童车与电动车相差多少辆？

挑战台

饮料亭里有矿泉水50瓶，桃汁比矿泉水少28瓶，冰绿茶比桃汁多13瓶。冰绿茶有多少瓶？

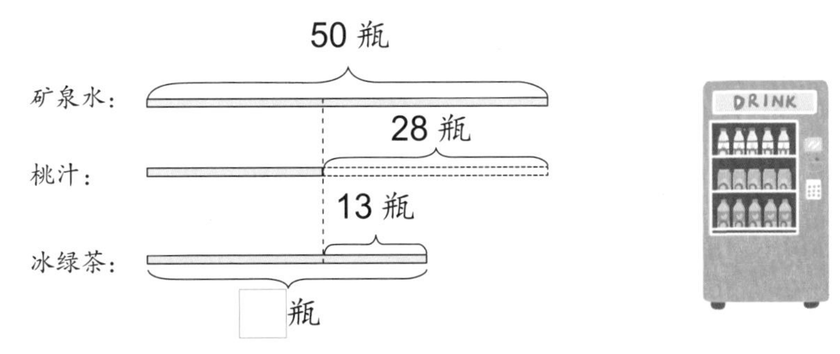

【31】

加减练习

1 先看懂图，再填上数。

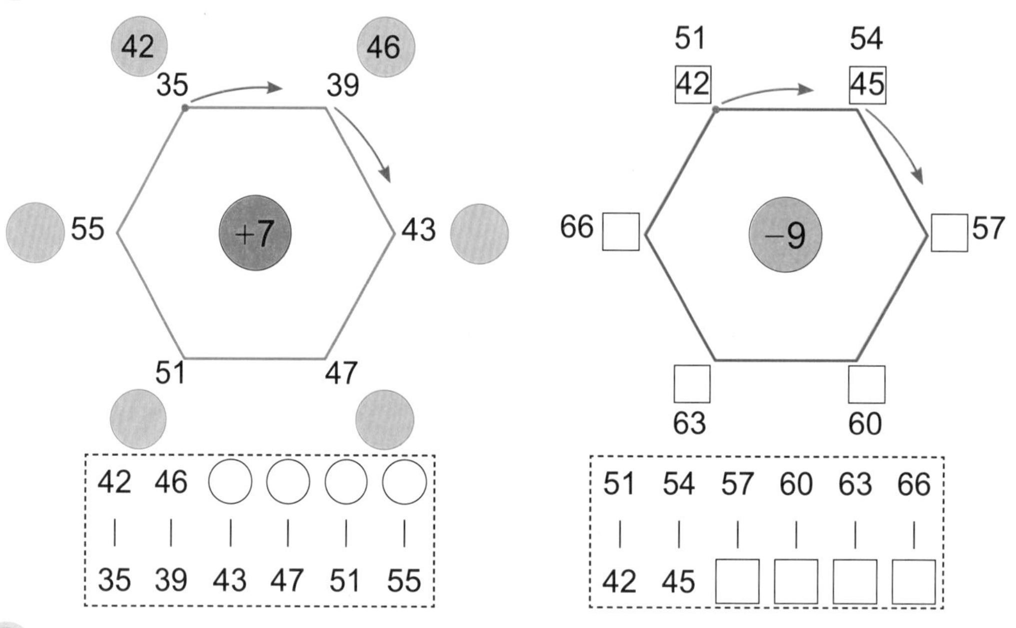

2 看图列式计算。

（1）

（2）

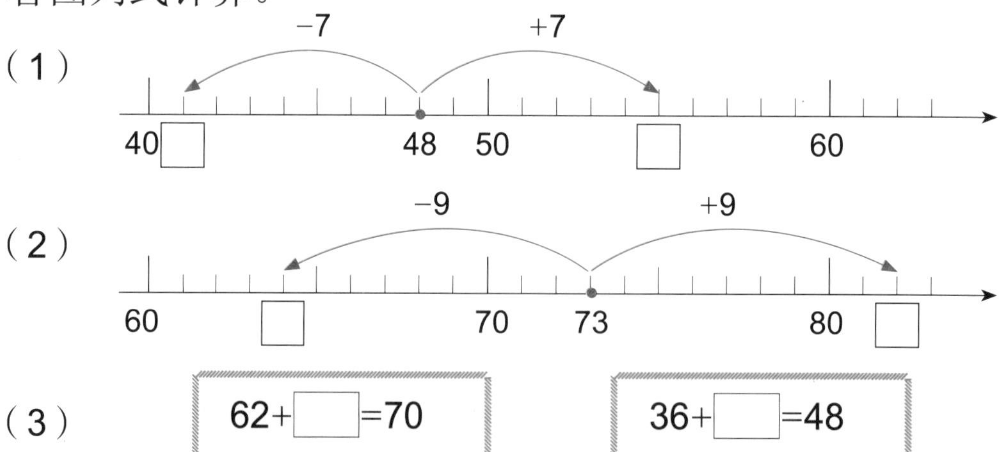

（3）

62+□=70

62−□=54

70−54=□

36+□=48

36−□=24

48−24=□

3 看线段图列式计算。

（1）

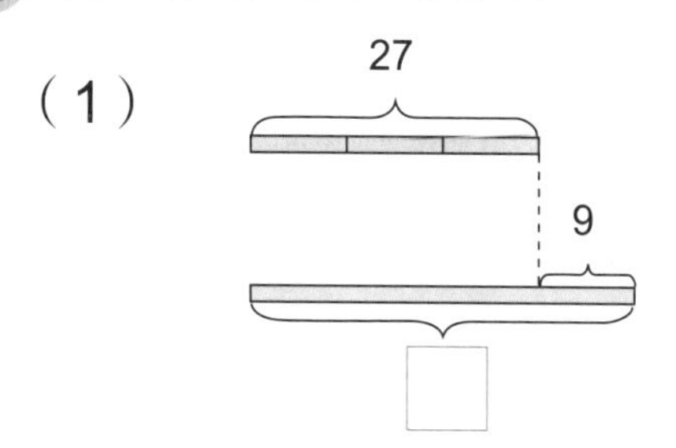

（2）

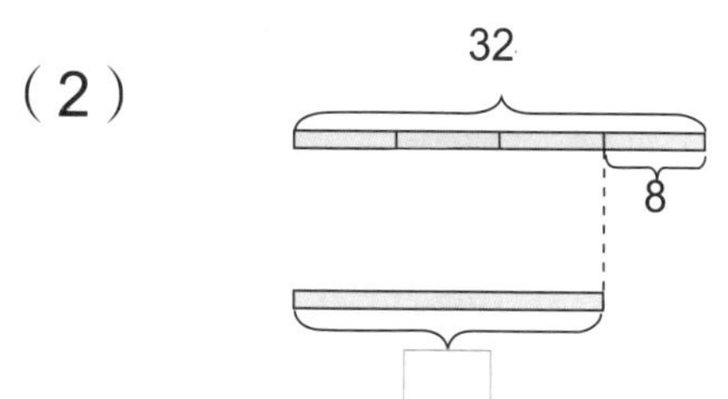

______________________　　______________________

4 在○里填“＞”“＜”或“＝”。

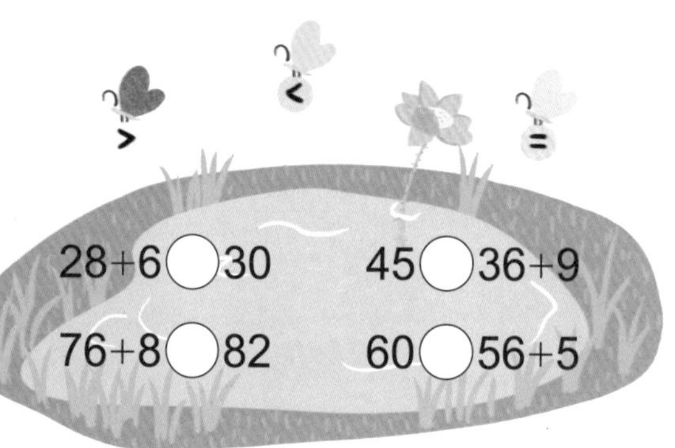

5 加倍与折半。

（1）10加倍是（　　）　　6加倍是（　　）

20加倍是（　　）　　12加倍是（　　）

40加倍是（　　）　　24加倍是（　　）

40是10的（　　）倍　　24是6的（　　）倍

（2）80折半是（　　）　　64折半是（　　）

40折半是（　　）　　32折半是（　　）

20折半是（　　）　　16折半是（　　）

10折半是（　　）　　8折半是（　　）

❻ 下面每种水果分别表示几？

34 + 🍠 = 58 − 🍠　　45 − 🎃 = 15 + 🎃

13 + 🫑 = 39 − 🫑　　40 − 🍆 = 12 + 🍆

🍠 = □　　🎃 = □

🫑 = □　　🍆 = □

❼

	★	▲
+		●
	▲	★

	1	2
+		9
	2	1

□□ + □ = □□　　□□ + □ = □□　　□□ + □ = □□

□□ + □ = □□　　□□ + □ = □□　　□□ + □ = □□

挑战台

在蚜虫的身体上分别填入2，3，4，5，9，10中的哪一个数，才能使下面框中的4个等式成立？

□ − □ = □ ……①

□ + □ = □ ……②

□ × □ = □ ……③

△ + △ + △ = □ ……④

四、图形和几何

【32】

图形的拼合（一）

1 左边的图形是由右边框里的哪几个图形拼起来的？在编号上打“√”。

（1）

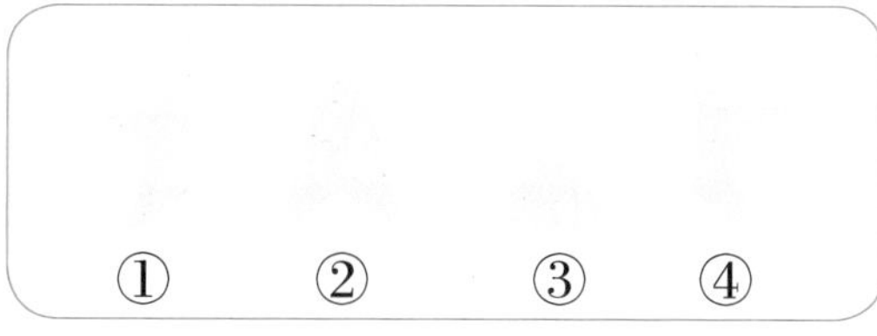

（2）

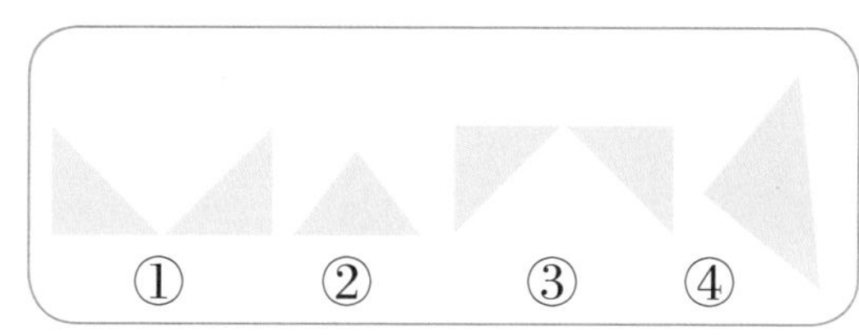

（3）

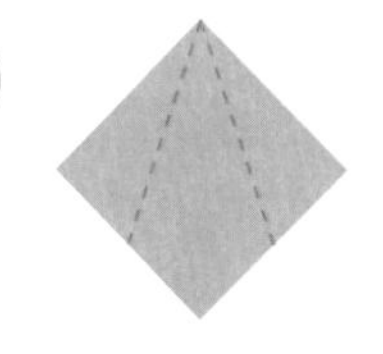

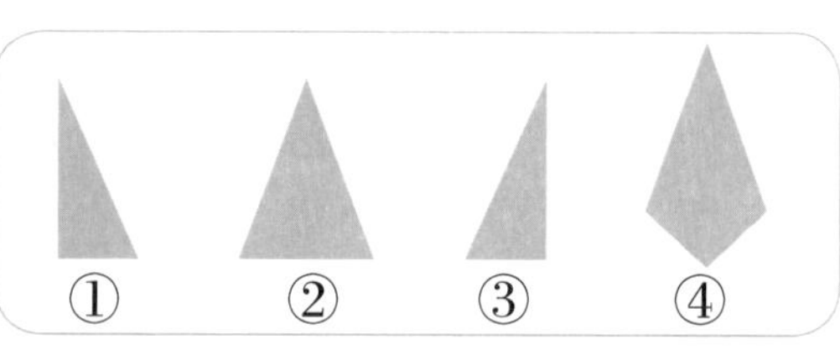

（4）

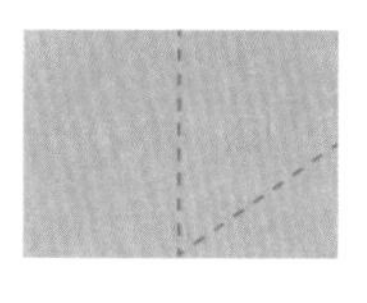

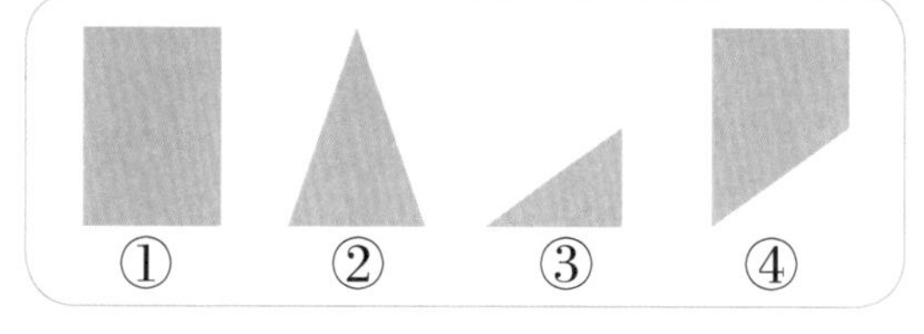

（5）

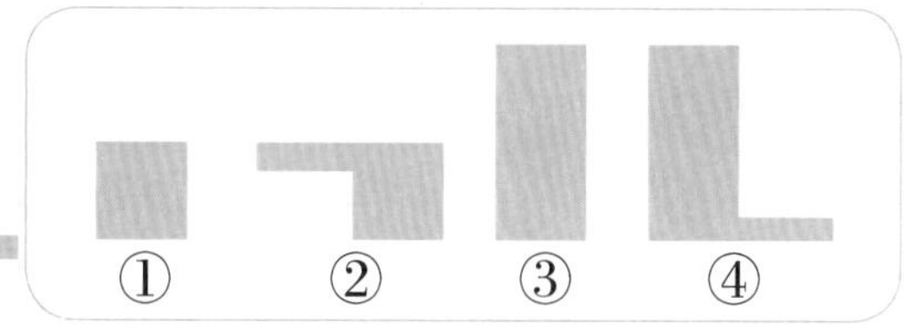

（6）

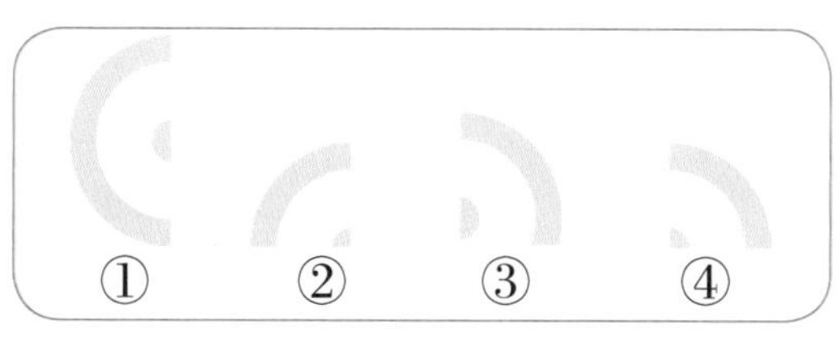

2 用左边的几个图形拼成右边的大正方形，请涂色表示。

（1）

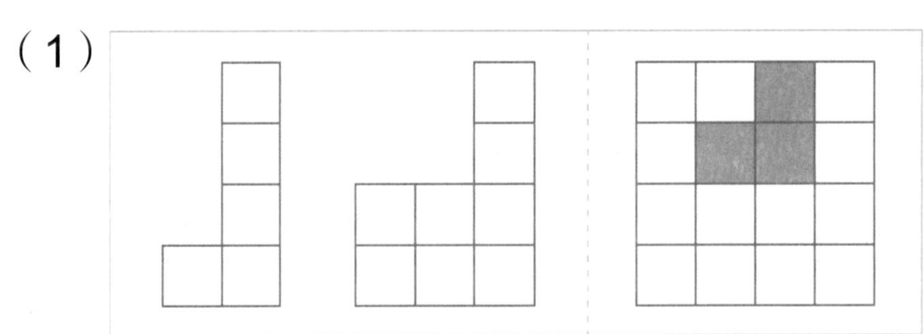

（2）

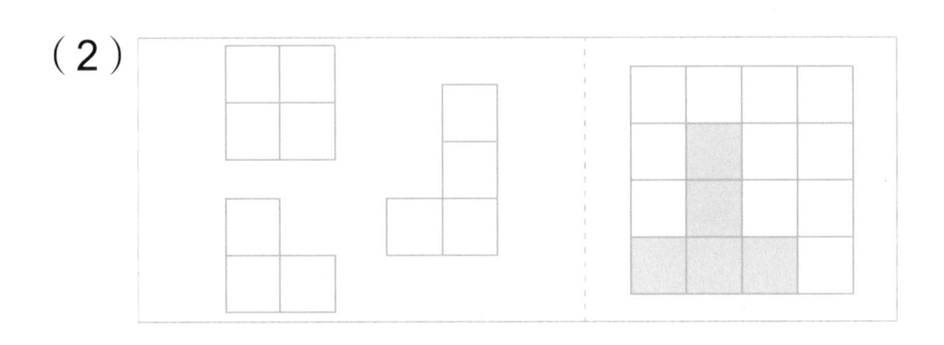

（3）

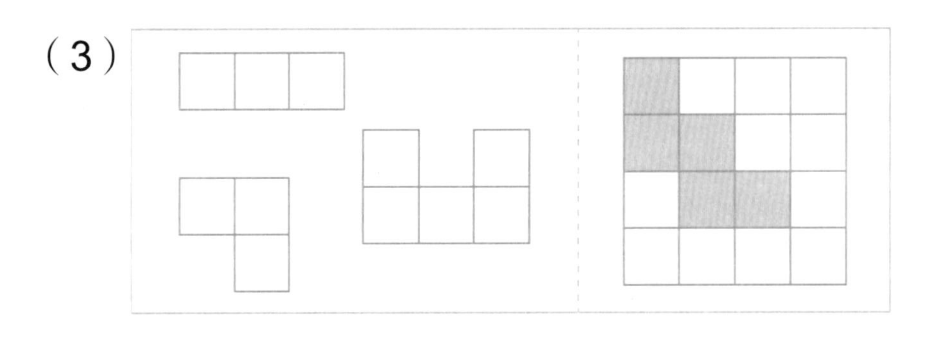

（4）

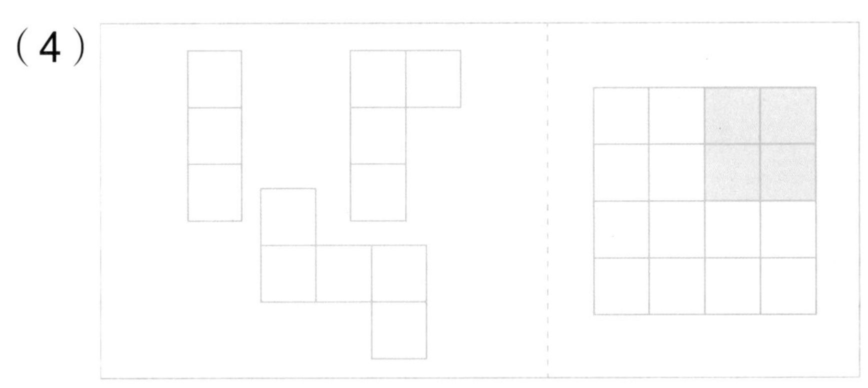

3 小松鼠和小猴子怎样合作才能拼成中间的大图形？在编号上打“√”。

（1） 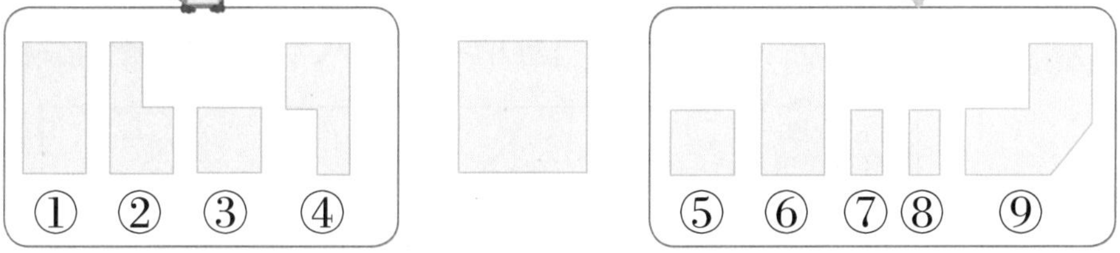 ① ② ③ ④　　⑤ ⑥ ⑦ ⑧ ⑨

（2） ① ② ③　　④ ⑤ ⑥ ⑦

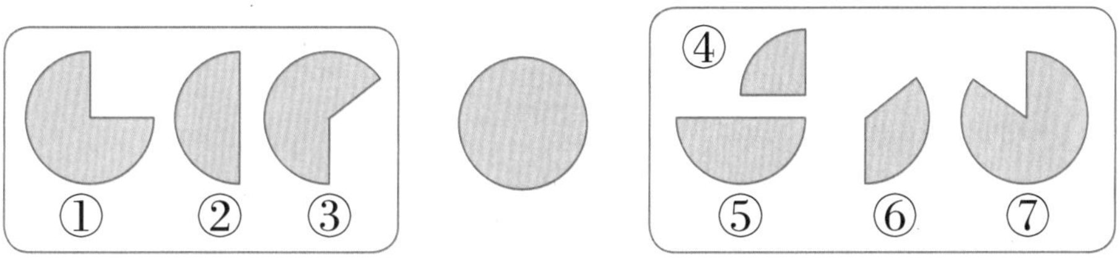

挑战台

哪两个图形可组成一个正方形？

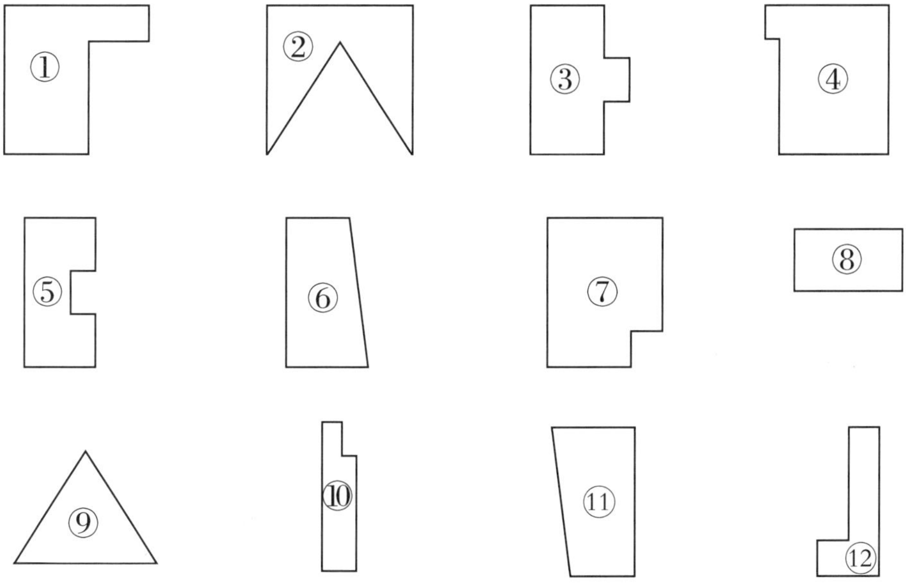

① ② ③ ④

⑤ ⑥ ⑦ ⑧

⑨ ⑩ ⑪ ⑫

①——⑧

【33】

图形的拼合（二）

1 虚线框里应选哪一个图形？填入相应的图形编号。

（1）

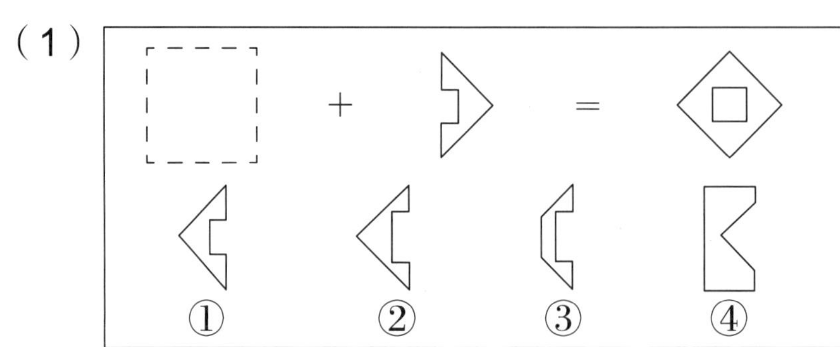

（2）

\+ =

① ② ③ ④

（3）

\+ =

① ② ③ ④

（4）

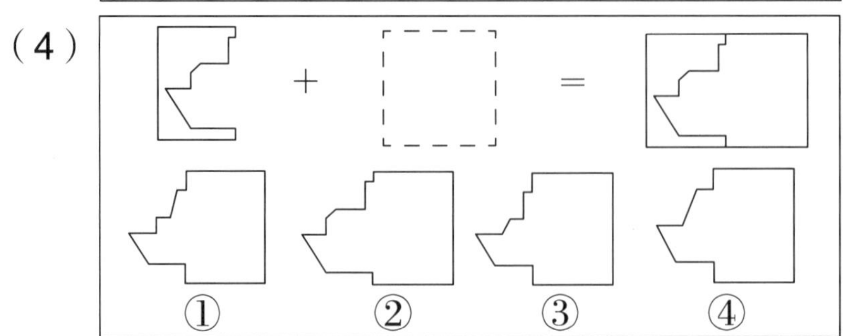

2 一面墙上缺了几块砖，应该怎样补呢？请把下面四块图形的编号分别填在空缺处。

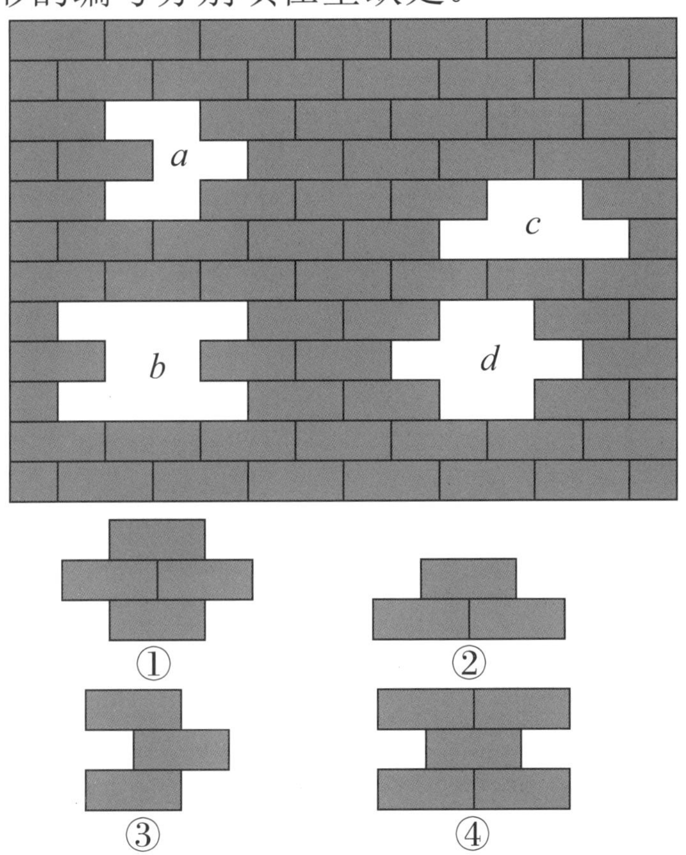

3 图形①～④分别与图形⑤～⑧中的哪个搭配才能拼成一个完整的正方形？用线连一连。

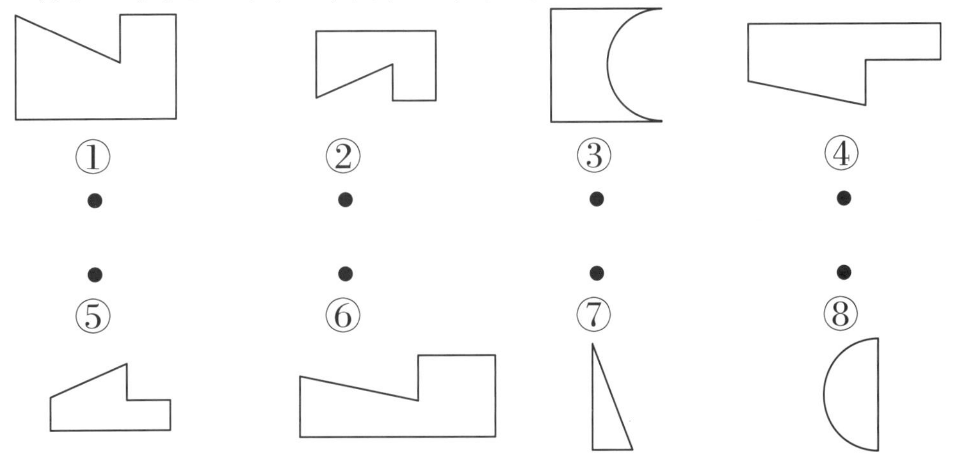

4 上面的图形分别与下面的哪个图形搭配才能拼成一个完整的圆？请连一连。

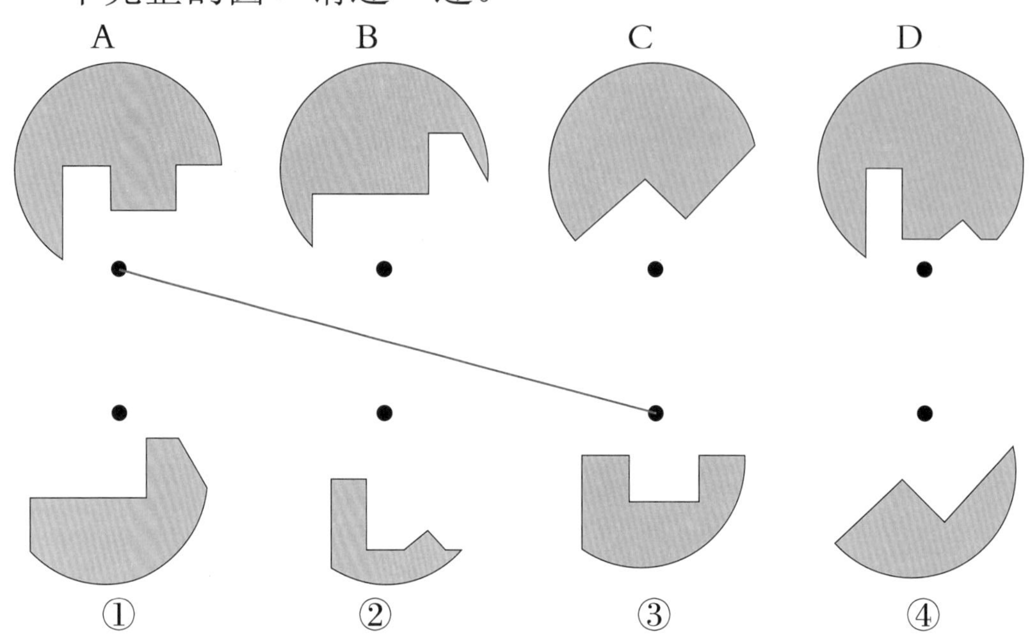

挑战台

上面的图形与下面的图形配成对后才能拼成一个正方形。怎样配呢？用线连一连。

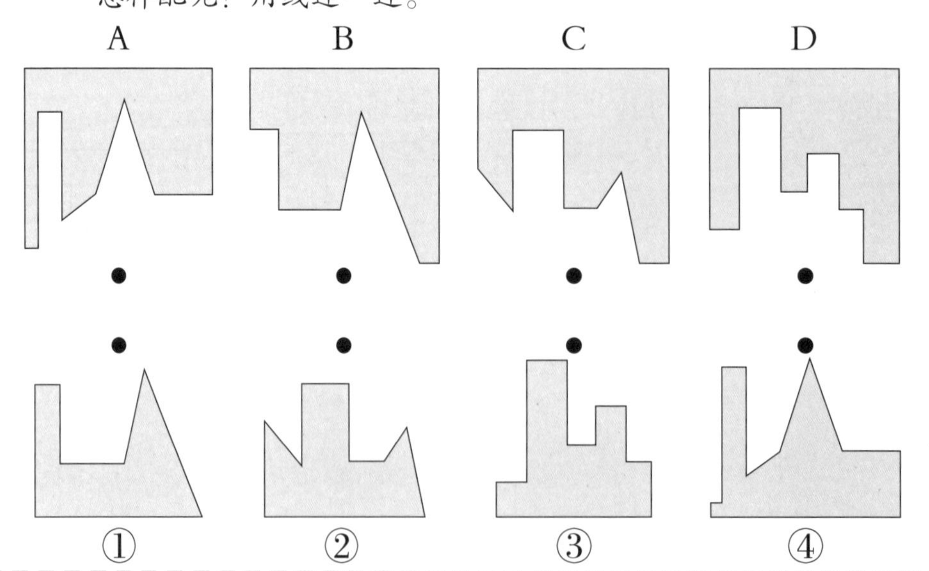

【34】

图形的分割

1 把图形分成完全相同的2份。

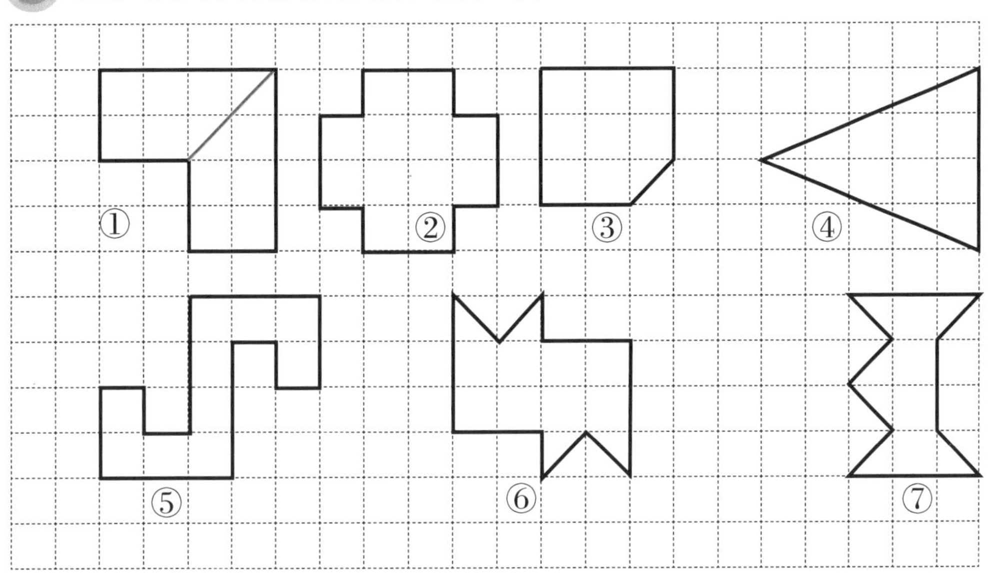

2 把图形分成完全相同的3份。

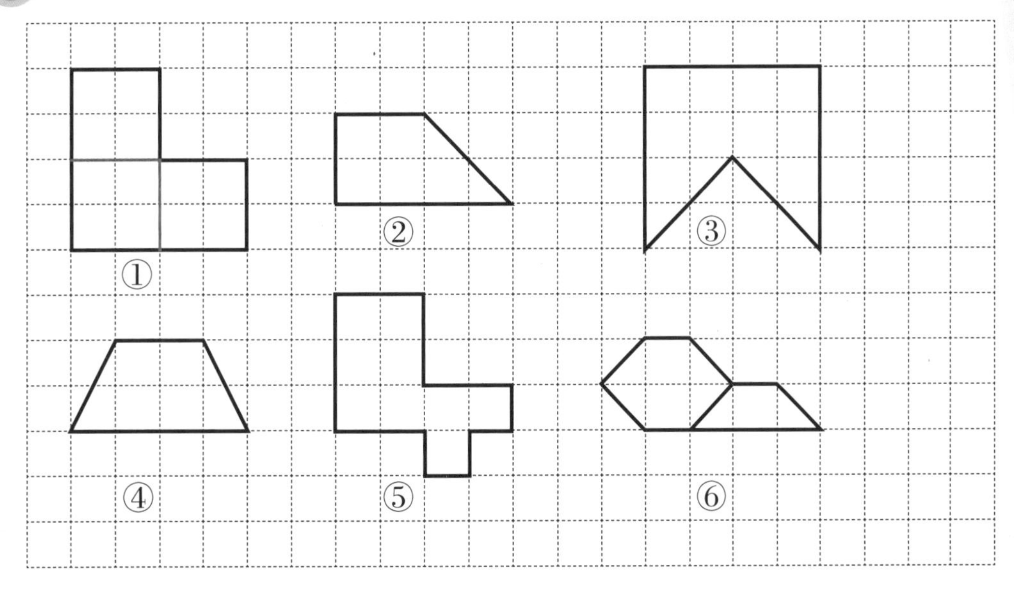

3 将图形分割成若干个（直角三角形）。

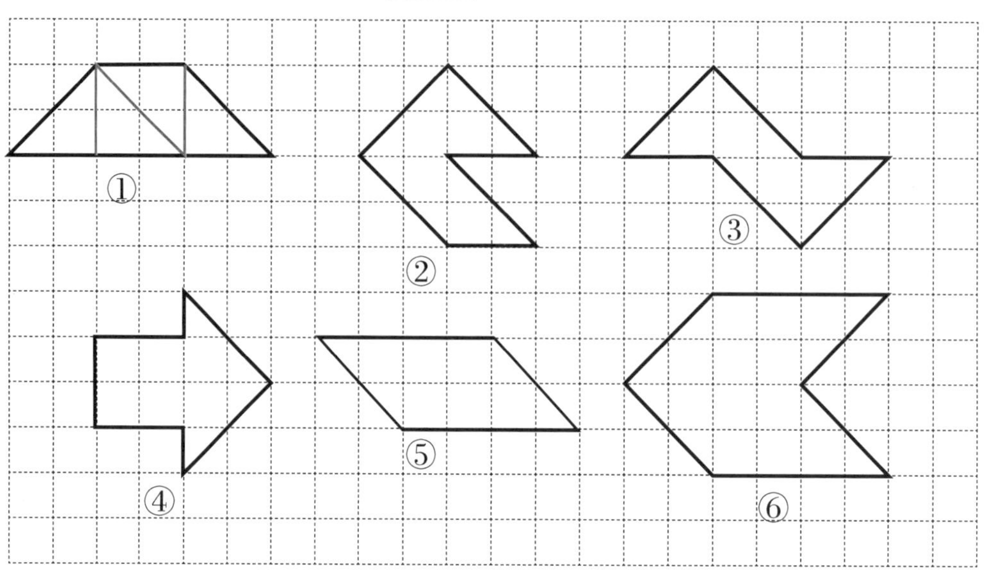

4 将图形分割成若干个（L形）。

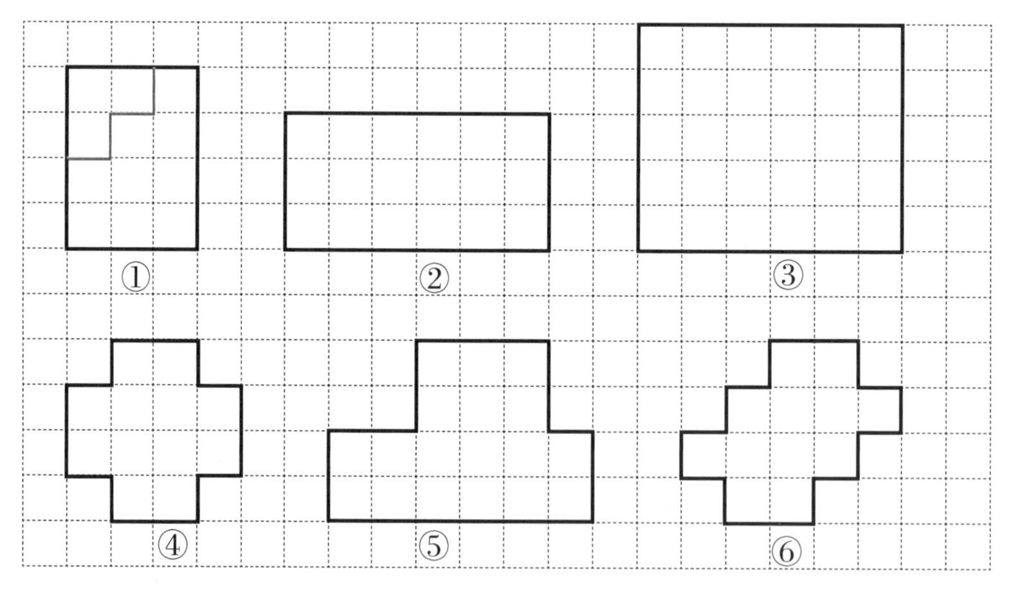

5 将图形分割成若干个▭。

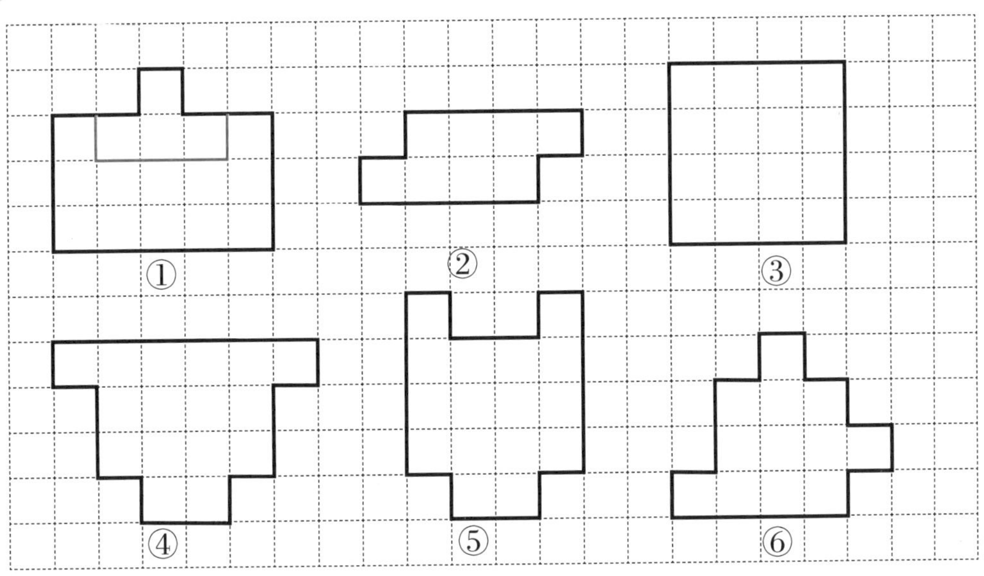

挑战台

把每个图形分成完全相同的 4 份。

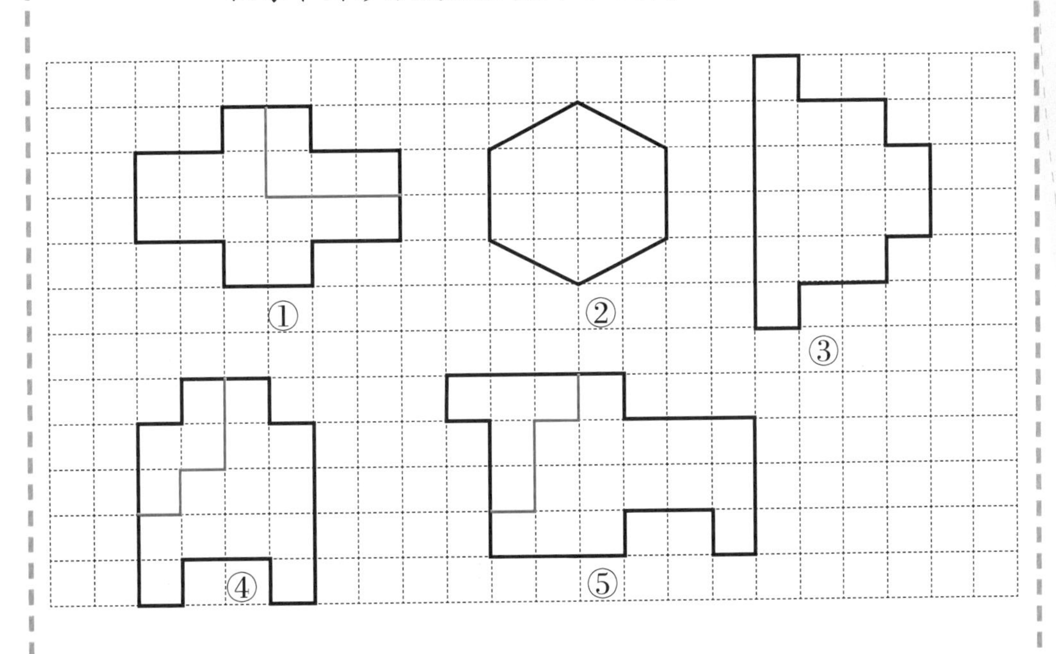

【35】

图形的辨析

1 照左图的形状在右图涂色表示。

（1）

（2）

（3）

（4）

2 根据左图的形状在右图上涂色。

（1）

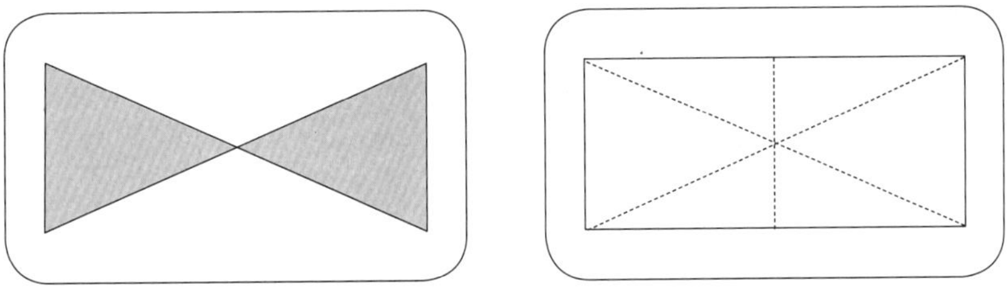

（2）

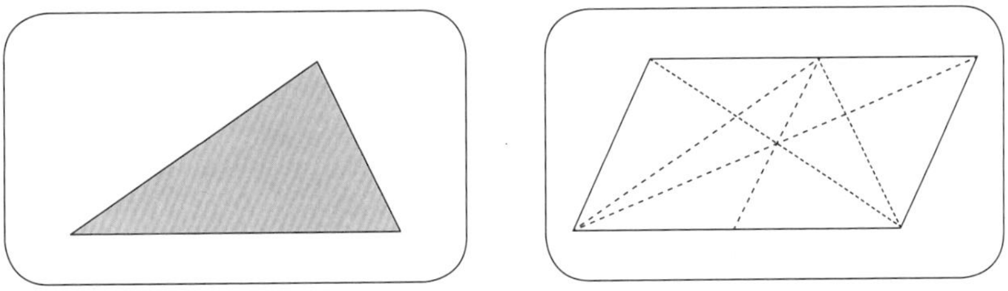

（3）

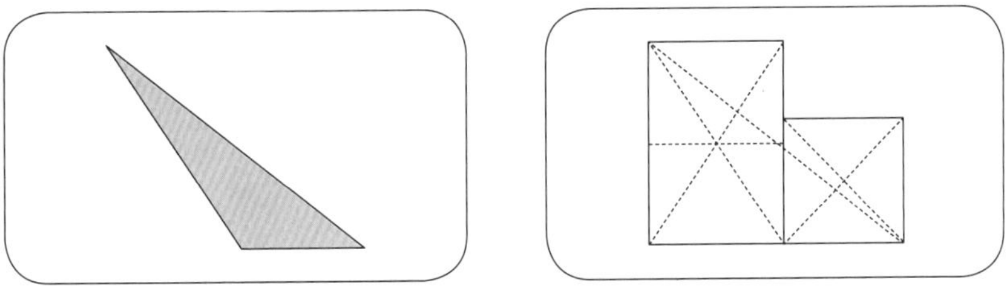

（4）

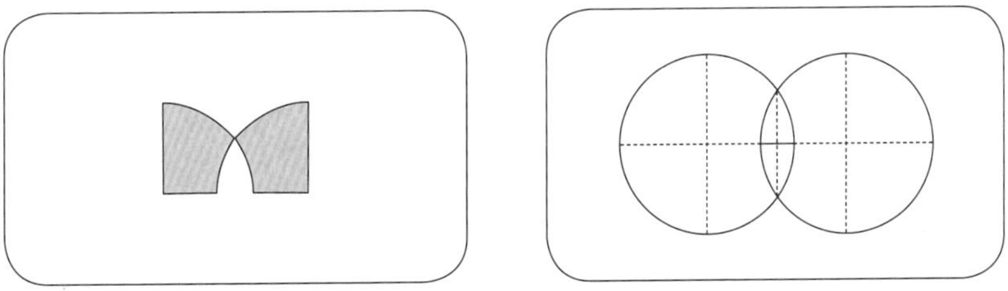

（5）

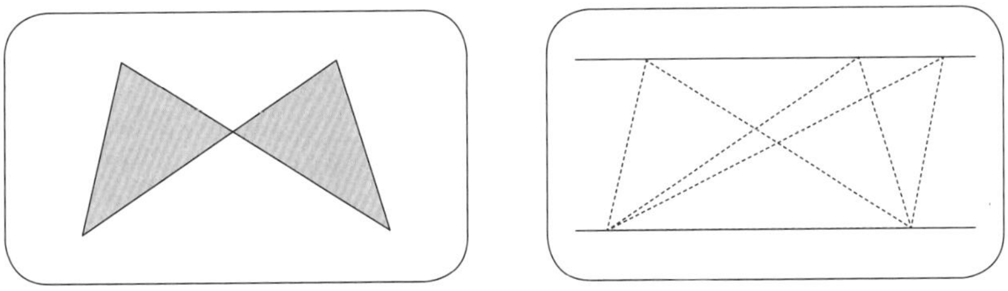

（6）

挑战台

从下面的图形里找出与上面图形大小、形状、位置都相同的图形。

①
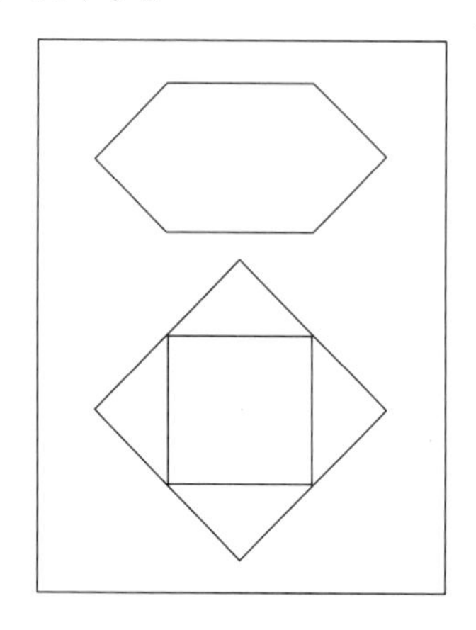

②
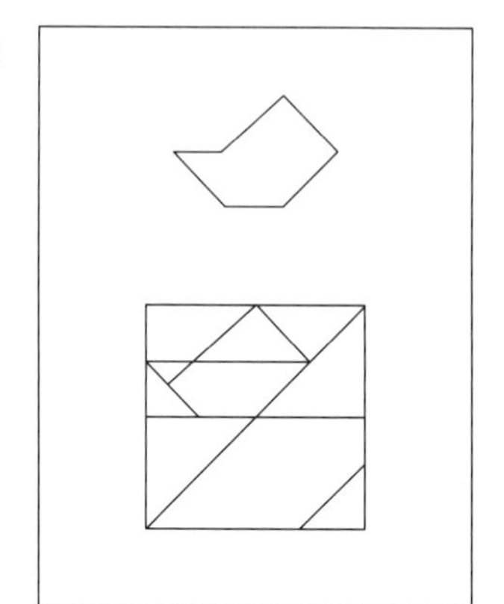

③
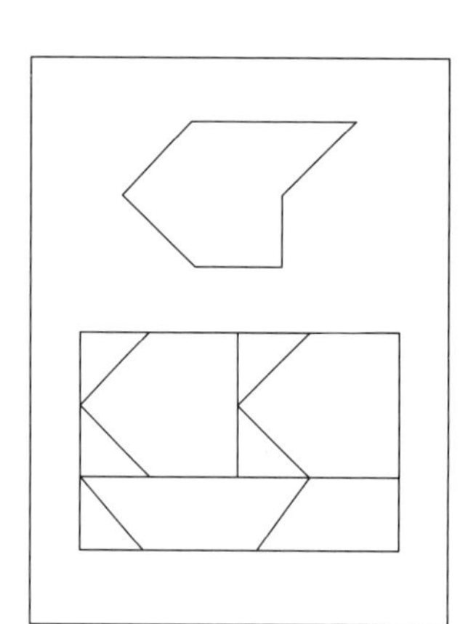

④
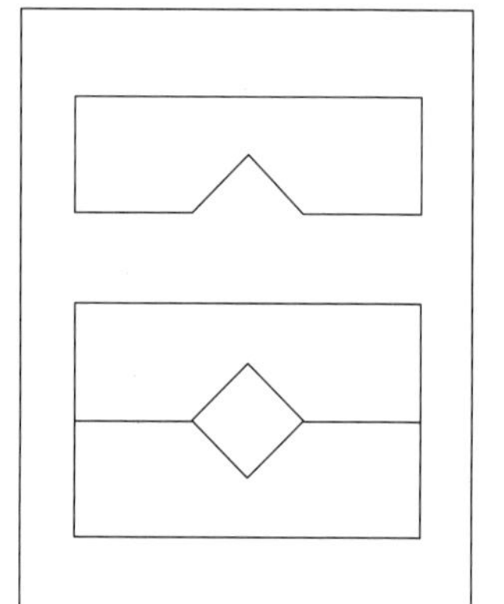

⑤
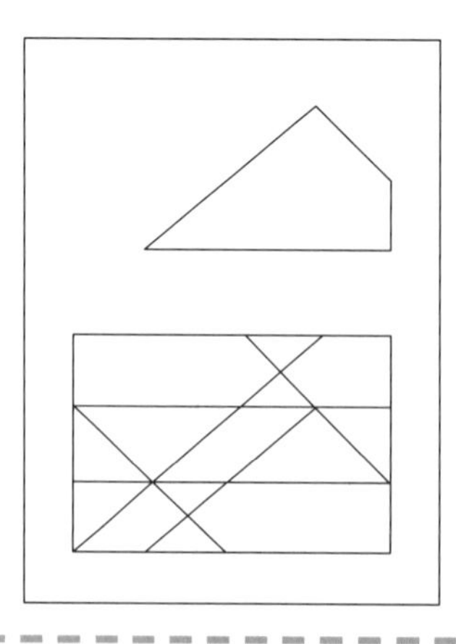

⑥
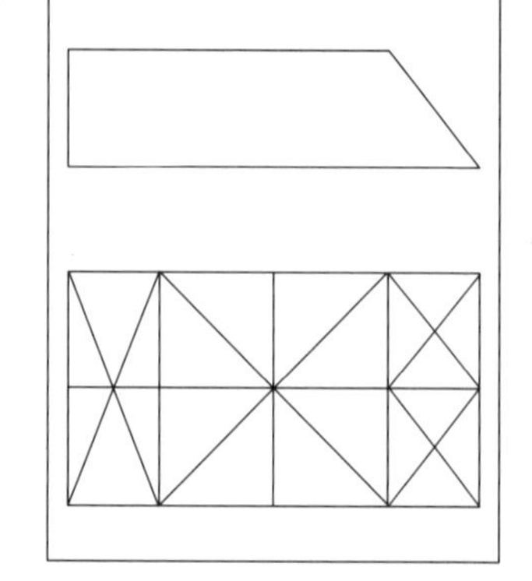

【36】

综合练习（一）

1 用点表示各数的位置，再用线连一连。

76　　92　　83　　96　　88

（数轴：75　80　85　90　95　100）

2 寻找规律，完成数列。

（1）47，49，51，53，☐，☐，☐，☐；

（2）35，40，45，50，☐，☐，☐，☐；

（3）29，35，41，47，☐，☐，☐，☐；

（4）91，88，85，82，☐，☐，☐，☐；

（5）92，84，76，68，☐，☐，☐，☐；

3 根据规律将数列补充完整。

	35				47
35	38	41	☐	☐	☐
	41				☐
41	44	☐	☐	☐	☐
	☐	☐	53	☐	☐
	☐		☐		☐
50	☐	☐	☐	☐	65

4 圈出和是40的上、下或左、右两个数。

8	32	6	10	30	24
32	7	34	8	32	6
31	9	3	37	6	24
9	35	30	10	8	32
35	5	31	9	33	7

5 用所给的数组成全部的两位数。

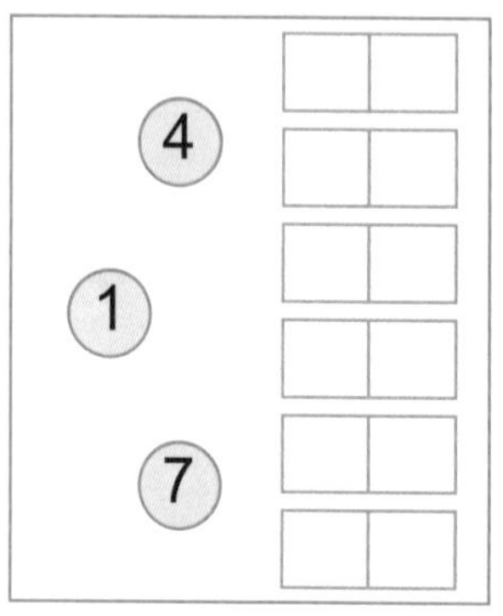

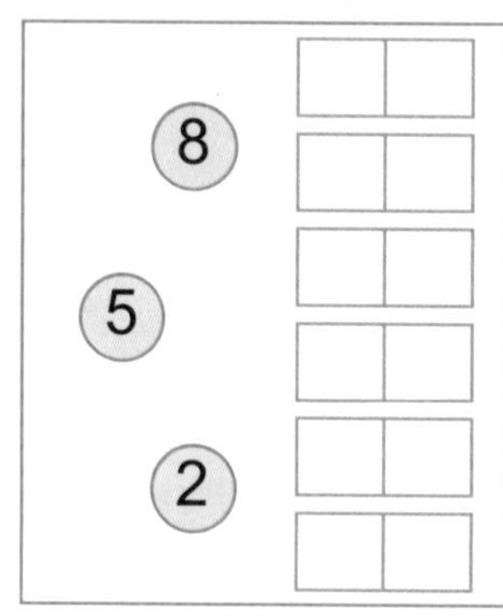

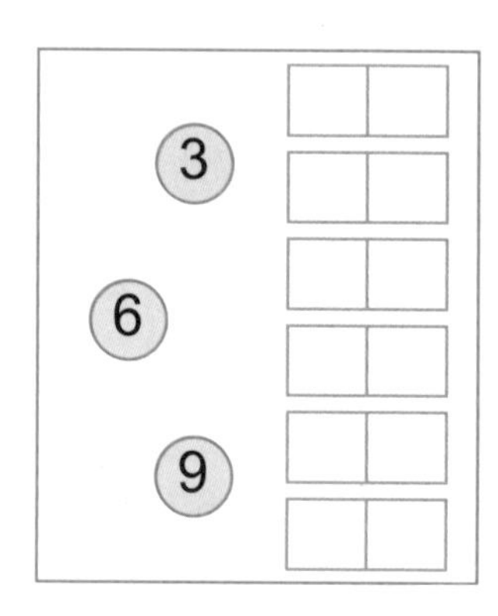

6 选择正确的数。

（1）
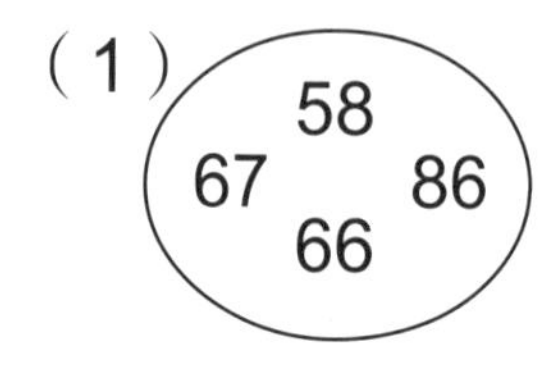

（2）
83 90 68 85

（3）
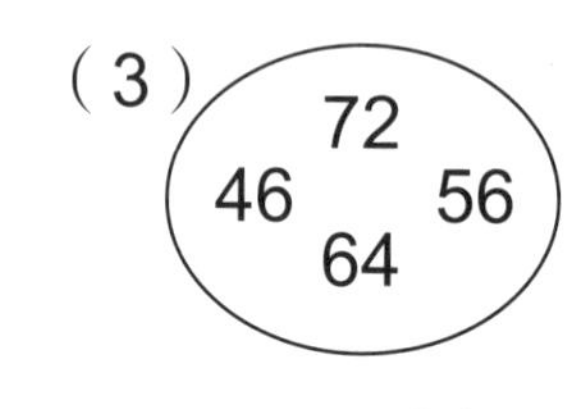

67 < ______　　85 > ______　　______ > 64

7 "——→"表示大于，把37，54，62，78，81分别填在合适的□里。

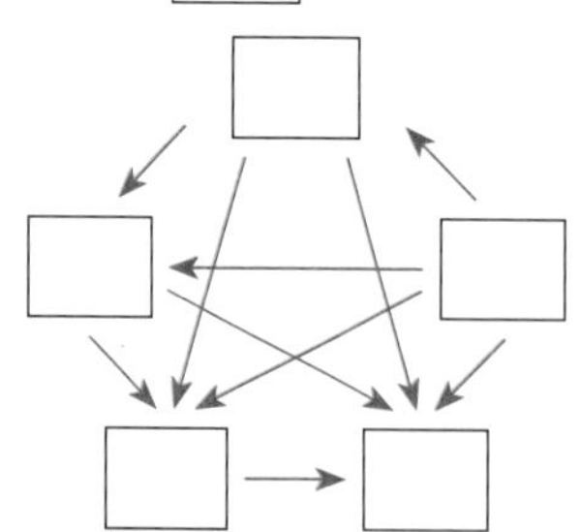

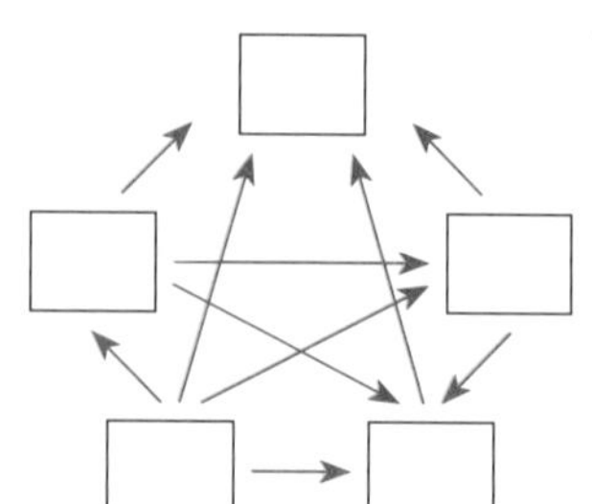

8 用6个“•”在数位表上表示不同的数，画一画，写一写，并按从大到小的顺序排一排。

十位	个位

十位	个位

十位	个位

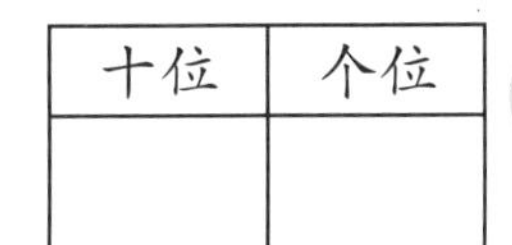

十位	个位

十位	个位

十位	个位

十位	个位

9 计算。

35+9=　　47+6=　　23−8=　　62−5=

10 如下图，3 个圆套在一起有 5 个□，从 15，20，25，30，35，40 中选出 5 个数分别填入方框内，使每个圆里数的和相等。

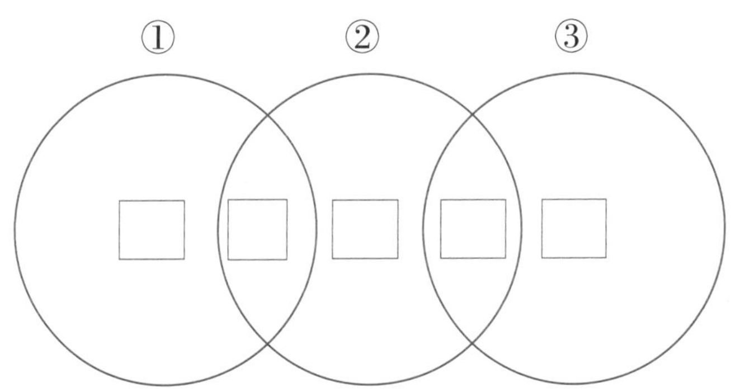

挑战台

根据数与数之间的关系，在空格里填数。

① 30　30　35　27　40　24　（　）　（　）

② 48　29　51　31　54　33　（　）　（　）

③ 1　1　2　3　4　9　（　）　（　）　（　）

     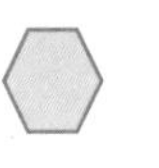  

【37】

综合练习（二）

1 中间先写上一个合适的两位数，然后填其他的数。

相差3

□－□－75－(78)－81－□－□

□－□－□－○－□－□－□

□－□－□－○－□－□－□

相差6

□－□－72－(78)－84－□－□

□－□－□－○－□－□－□

□－□－□－○－□－□－□

相差9

□－□－81－(72)－63－□－□

□－□－□－○－□－□－□

□－□－□－○－□－□－□

2 在空格里写出答案，持续地加或减，直到“结束”。

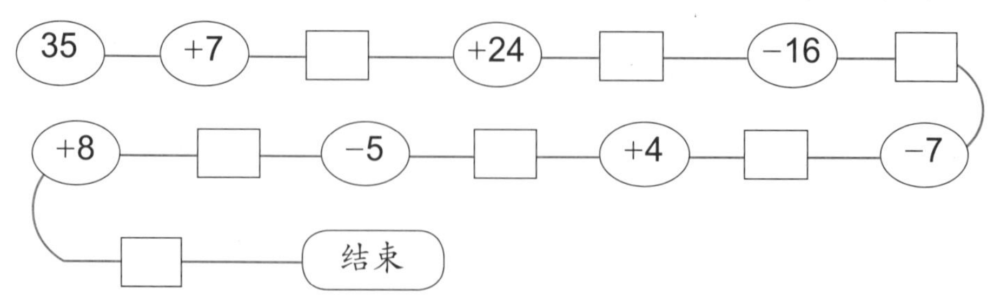

3 找出字母所表示的数，并计算。

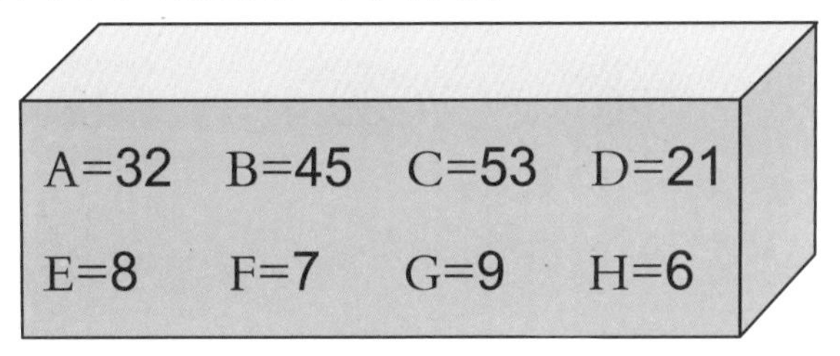

A=32 B=45 C=53 D=21
E=8 F=7 G=9 H=6

A+E+C　　　　C−F+D

__________　　　　__________

B+C−A　　　　H+B−G

__________　　　　__________

4 在□里填数。

（1）

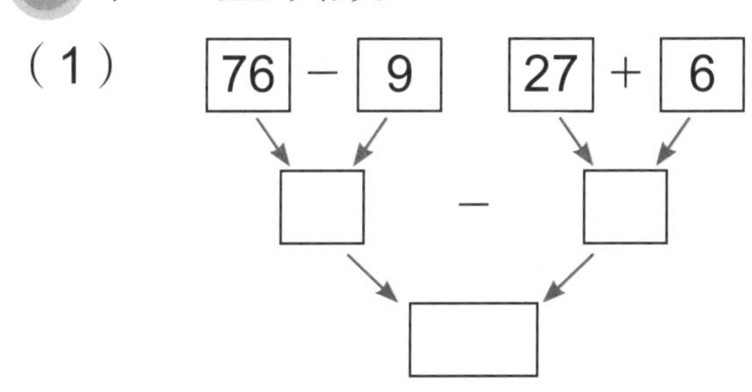

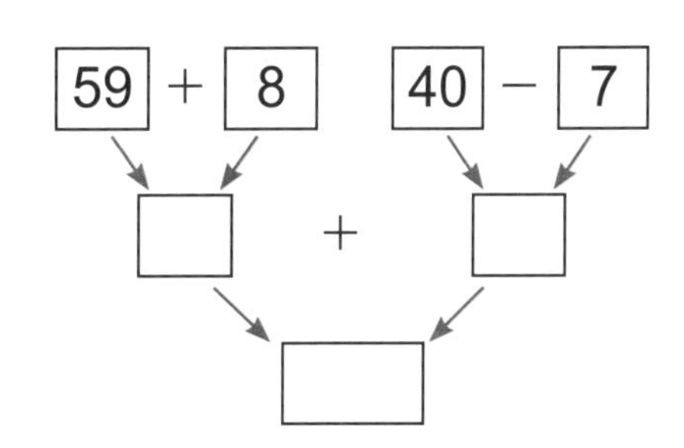

（2）

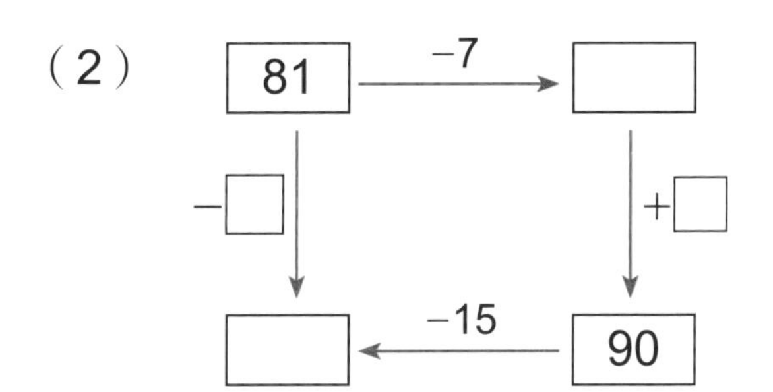

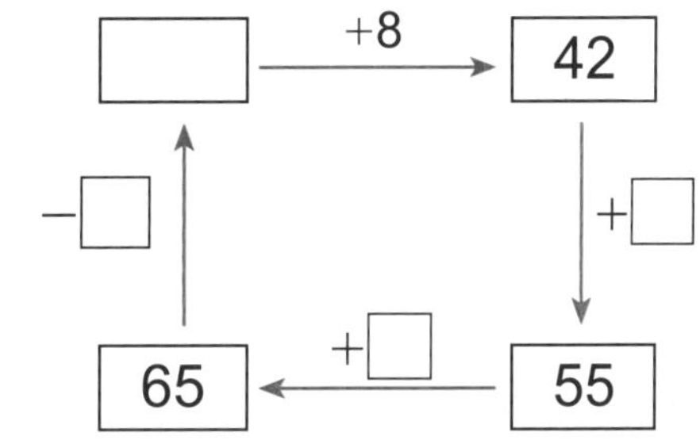

（3）

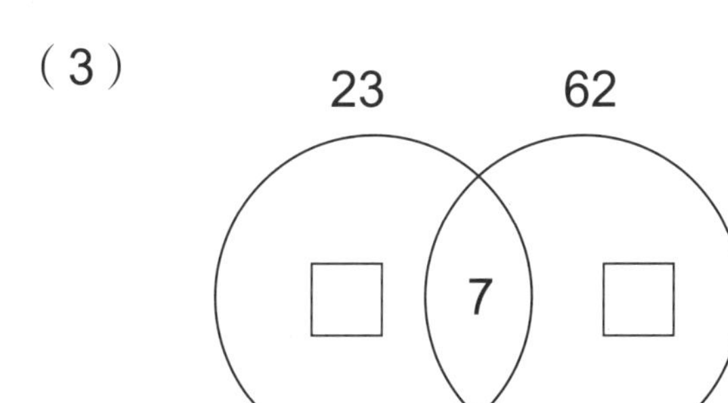

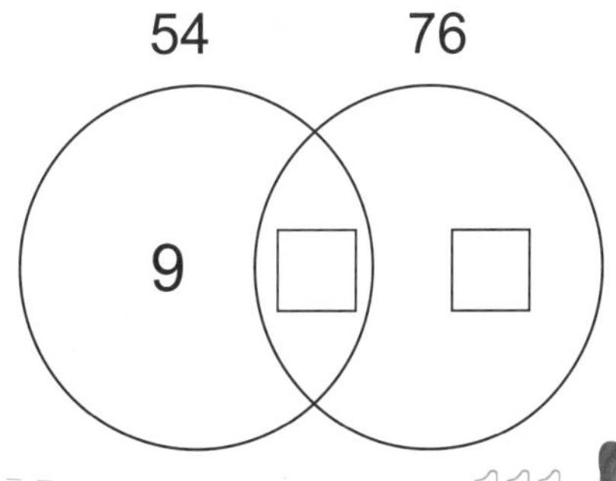

5 找规律填数。

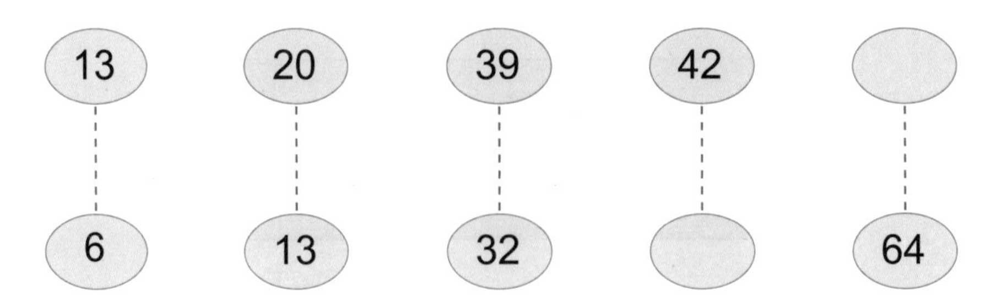

6 在□里填上合适的数。

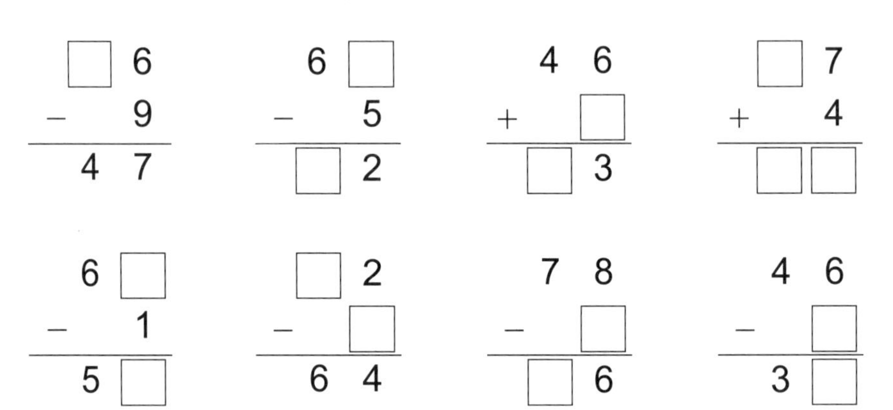

挑战台

①将 3，5，6，7，8 填入□中，各式中每个数字只能用一次。

□□−□=□□　　□□−□=□□

②将 3，4，7，8，9 填入□中，各式中每个数字只能用一次。

□□−□=□□　　□□−□=□□

□□−□=□□　　□□−□=□□

【38】

综合练习（三）

1 根据口诀填算式。

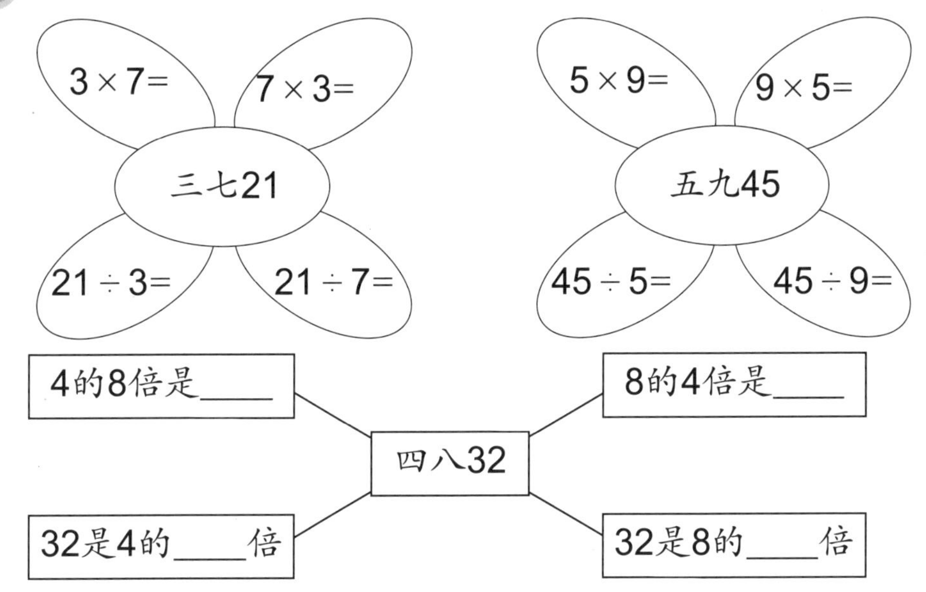

2 在空格里填相同的数，使等式成立。

$\square+\square+\square=15$

$\square+\square+\square+\square=28$

$\square+\square+\square+\square+\square=45$

3 每条船坐4个人。

船的条数	1	3		7	
坐的人数	4		20		40

$4\times3=$　　　　$20\div4=$

$4\times7=$　　　　$40\div4=$

4 用乘法求□的个数。

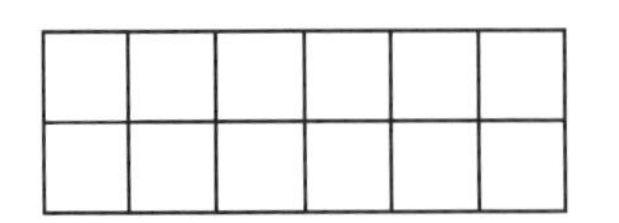

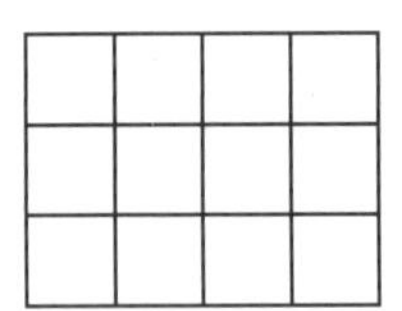

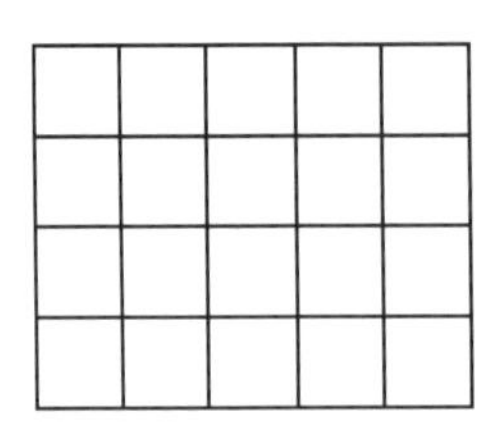

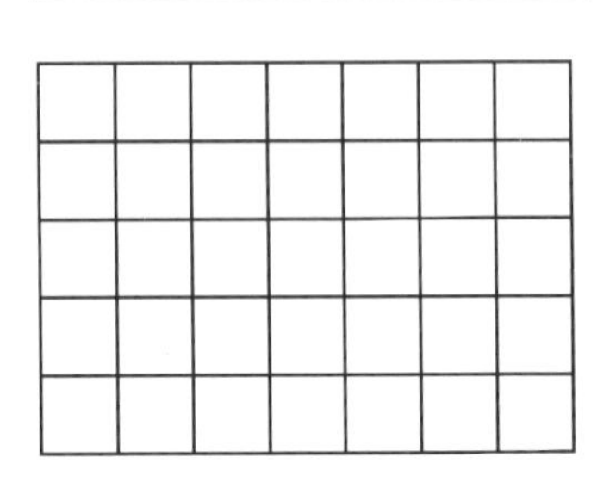

5 缺了多少块瓷砖？

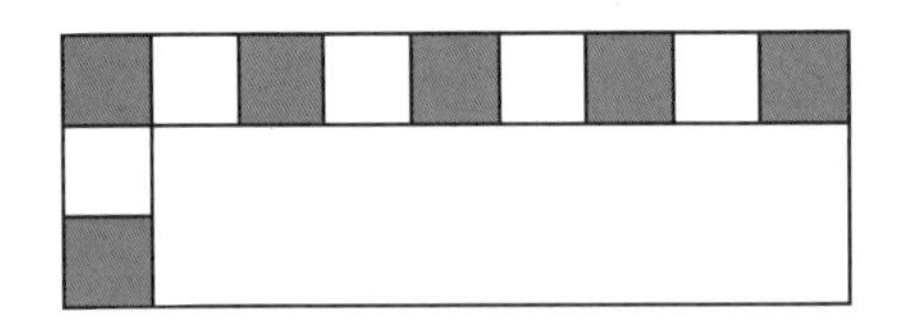

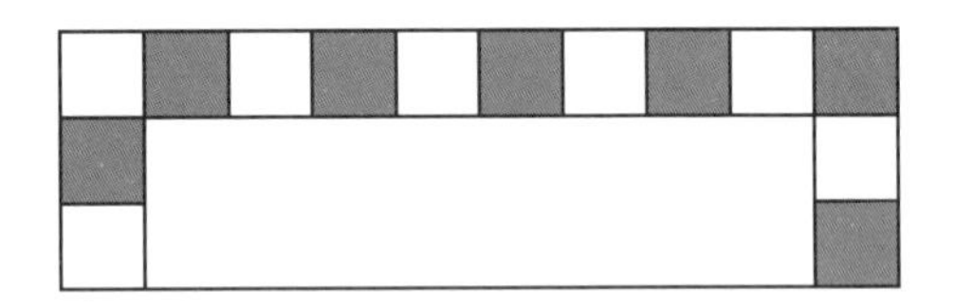

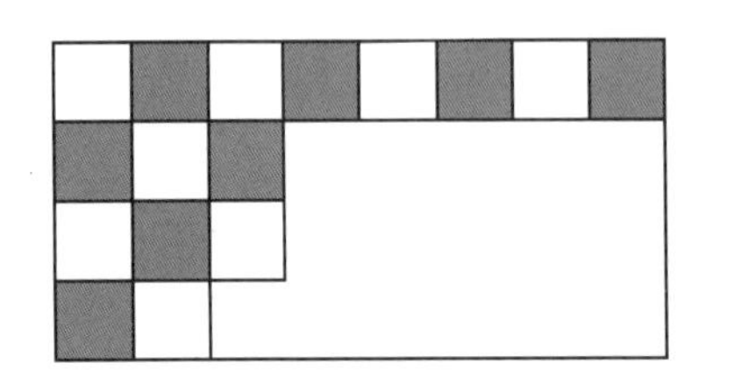

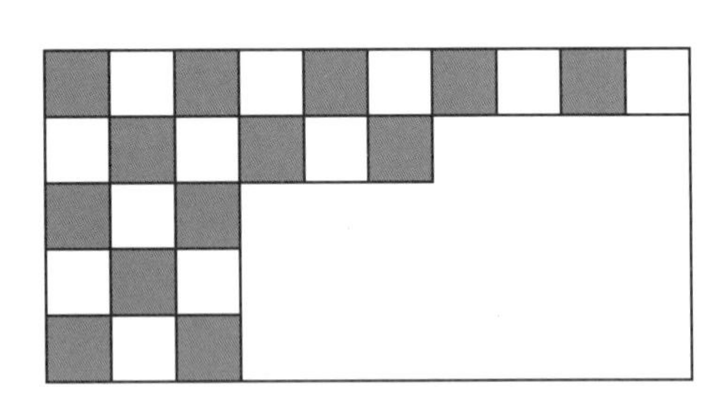

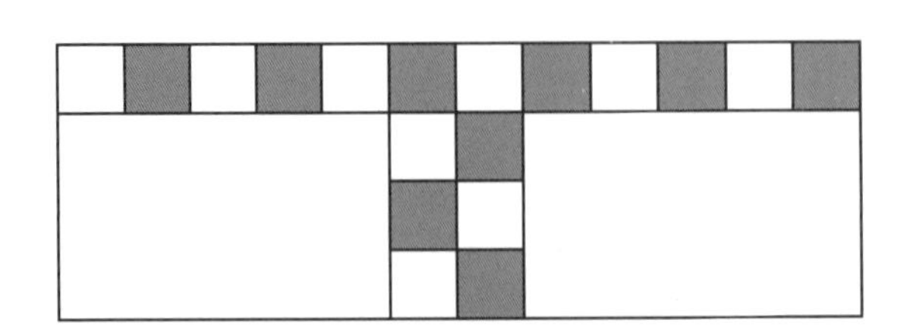

6 每个棋盘各有多少个小正方形？

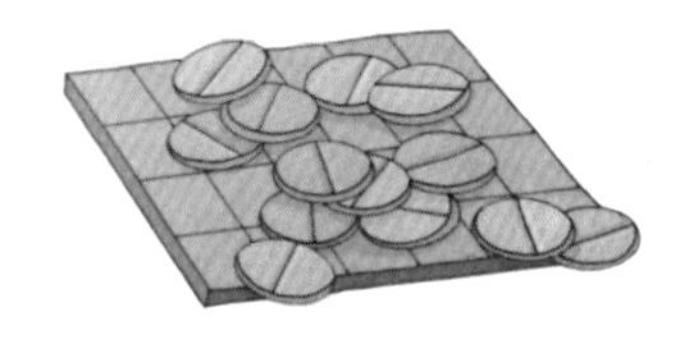

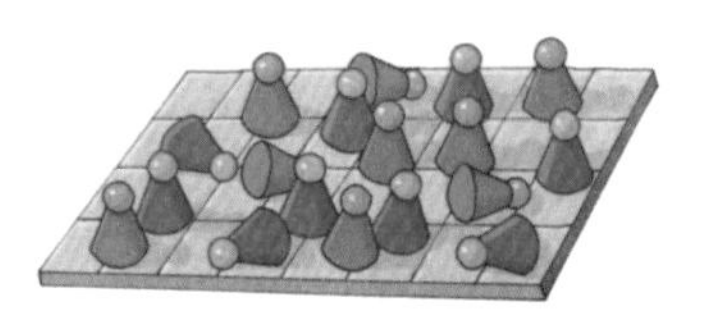

______

______

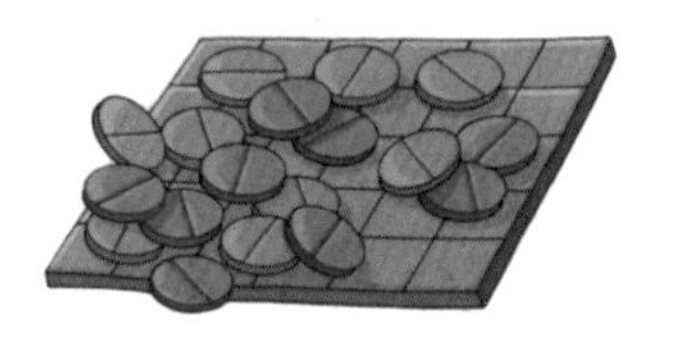

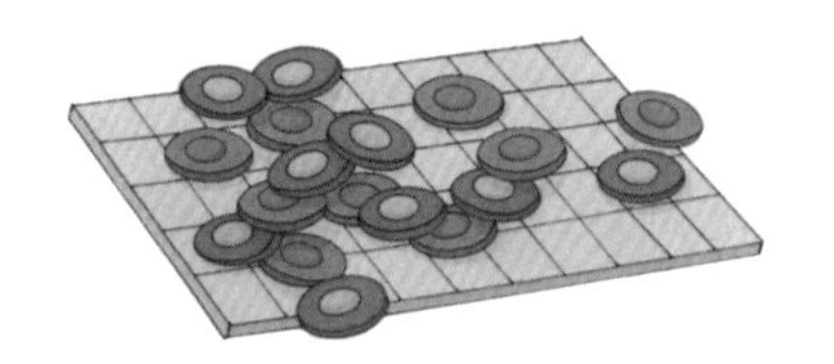

______

______

7 填写缺失的数。

3	×		=	9
×		×		×
	×	1	=	
=		=		=
	×		=	18

2	×		=	6
×		×		×
	×		=	
=		=		=
	×		=	24

挑战台

相同的图形表示相同的数，在□里填数。

♥ + ♥ = □

♥ − ♥ = □

♥ × ♥ = □

\+ ♥ ÷ ♥ = □

25

♣ + ♣ = □

♣ − ♣ = □

♣ × ♣ = □

\+ ♣ ÷ ♣ = □

36

【39】

综合练习（四）

1 直接写出得数。

30 ＋ 6=	35 ＋ 7=	45 ＋ 9=
↓	↓	↓
6×5+6=	7×5+7=	9×5+9=
6×6=	7×6=	9×6=
40 ＋ 8=	42 ＋ 7=	54 ＋ 9=
↓	↓	↓
8×5+8=	7×6+7=	9×6+9=
8×6=	7×7=	9×7=
48 ＋ 8=	49 ＋ 7=	63 ＋ 9=
↓	↓	↓
8×6+8=	7×7+7=	9×7+9=
8×7=	7×8=	9×8=

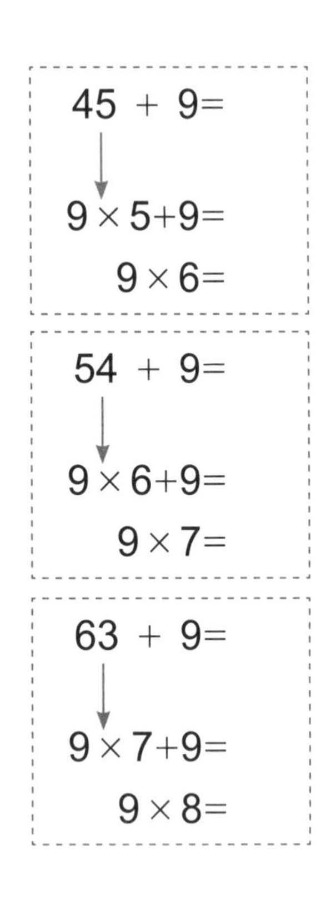

2 在□里填数。

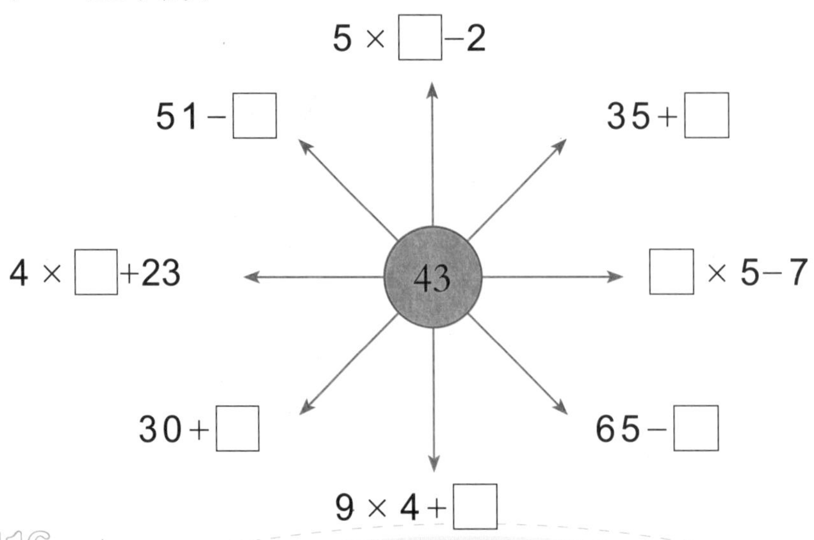

3 计算。

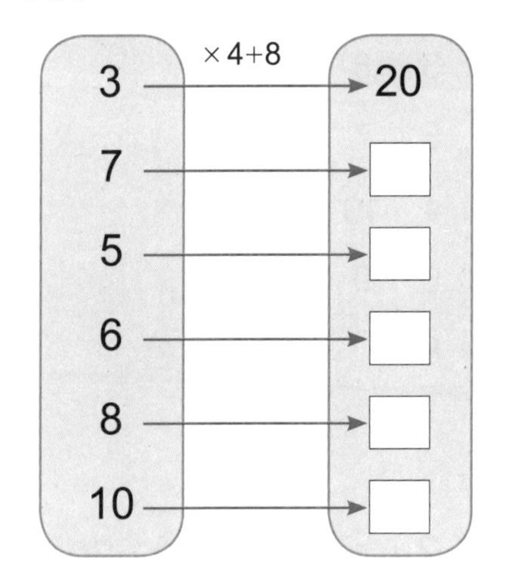

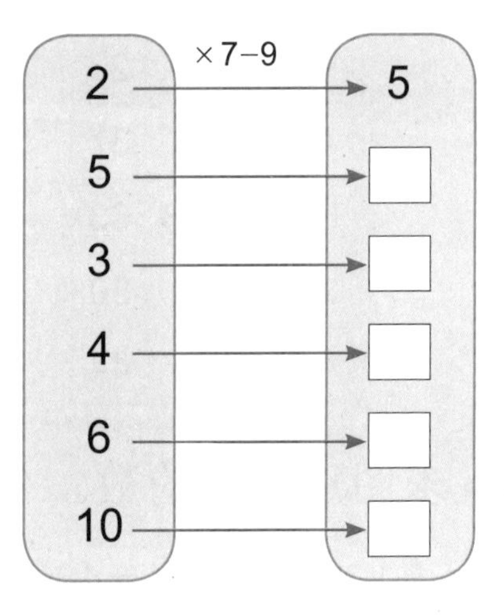

4 将算式补充完整。

6×3+______=25
4×9+______=45
5×7+______=68
7×4+______=40
4×6+______=30

3×8−______=16
5×6−______=15
9×3−______=17
4×8−______=23
5×9−______=38

______×7+6=20
______×3+5=26
______×4+7=43
______×5+8=48
______×8+12=60

2×______−5=9
5×______−7=38
4×______−4=28
6×______−3=27
9×______−9=54

5 找一找规律，在空格填上合适的数。

9	2	5	23
4	7	9	37
10	5	13	63
3	8		30
4		8	44

3	6	9	9
5	7	7	28
4	10	5	35
6	9		40
8		10	22

6 求图形表示的数。

（1） $7\times5+$ △ $=48$

△ $=48-$ □

△ $=$ □

（2） $4\times8-$ ◎ $=20$

◎ $=$ □ -20

◎ $=$ □

挑战台

①看托盘天平写等式。

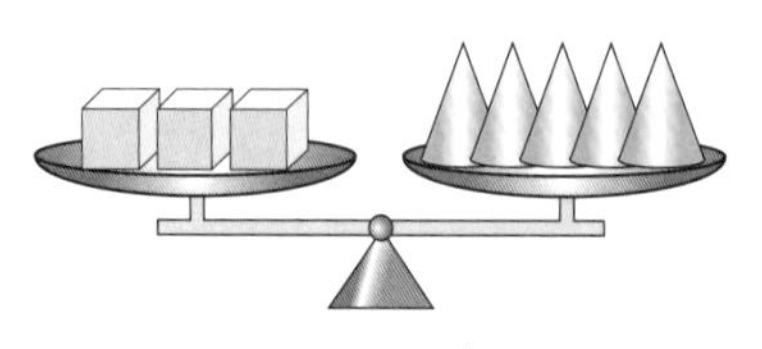

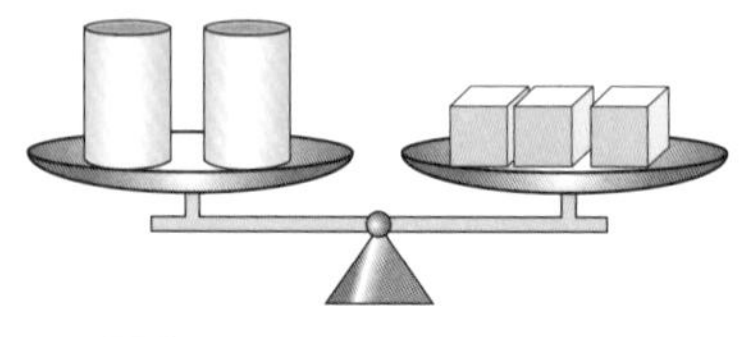

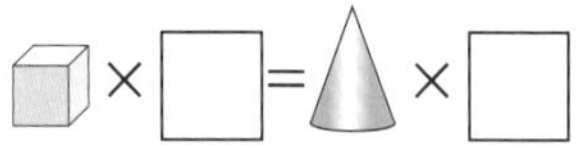

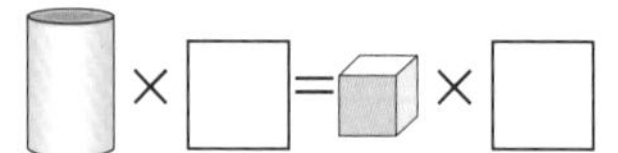

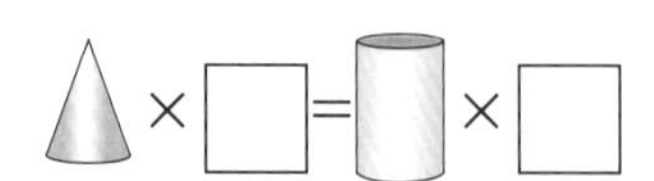

②如果♠ $=$ ◆ $\times3$，那么♠ $\times2+$ ◆ $=$ ◆ $\times$ □。

◆ $\times9=$ ♠ $\times$ □　　◆ $\times$ □ $-$ ♠ $=$ ♠ $\times4$

【40】

综合练习（五）

1 求图形表示的数。

（1）

♠+5=53 ♠=□○□ ♠=□	♥−7=65 ♥=□○□ ♥=□	78−♣=46 ♣=□○□ ♣=□
△×5=30 △=□○□ △=□	◎÷7=4 ◎=□○□ ◎=□	36÷◇=9 ◇=□○□ ◇=□

（2）

2×3+▭=30 ▭=□○□ ▭=□	5×9−△=30 △=□○□ △=□

（3）

◎+8=◇−8 ◇−◎=□ 如果◎=12，那么◇=□ 如果◇=30，那么◎=□	☆−5=△+5 ☆−△=□ 如果☆=20，那么△=□ 如果△=20，那么☆=□

2 在□里填上数。

28−7=□+7　　30+8=□−8　　25+12=□−12

28−□=7+7　　□−30=8+8　　□−25=12+12

3 ☆ −15= △ +15。

当☆=37，△=□　　当△=24，☆=□

☆+△=□　　☆+△=□

☆−△=□　　☆−△=□

4. 每个靶上有3个洞，画出第3个洞落在哪里？

（1）共得 21 分

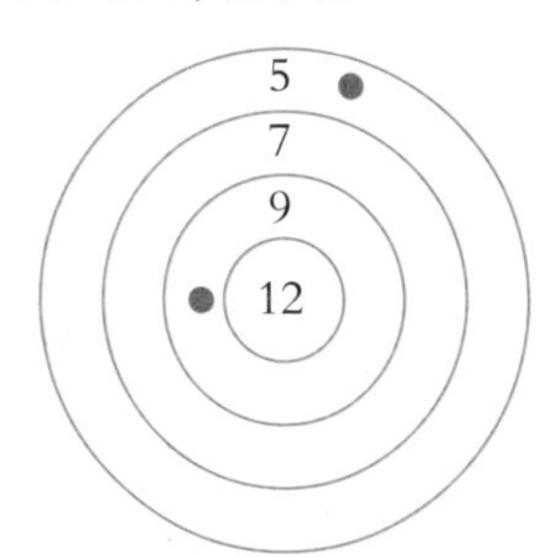

（2）共得 26 分

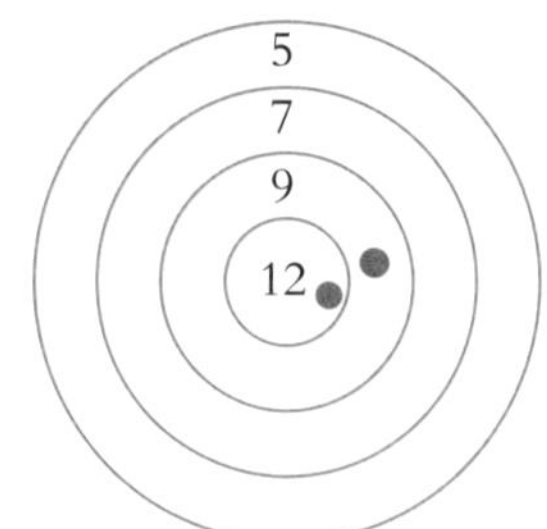

（3）共得 28 分

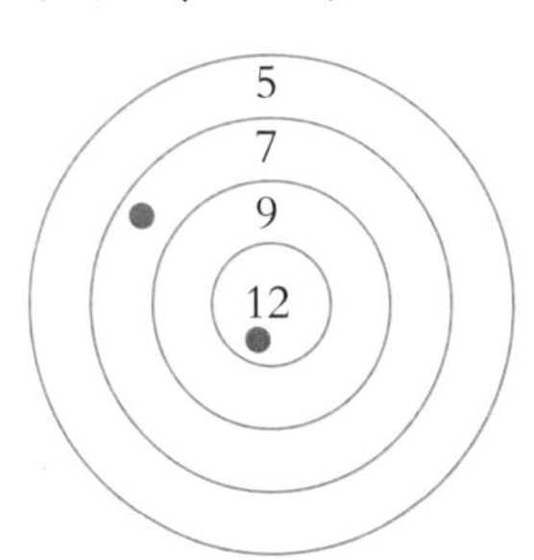

（4）共得 28 分

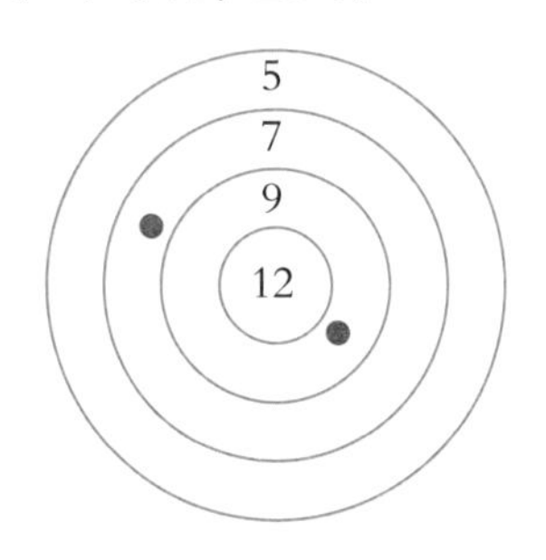

5. 每个靶上有3个洞，画出它们的位置。

（1）共得 30 分

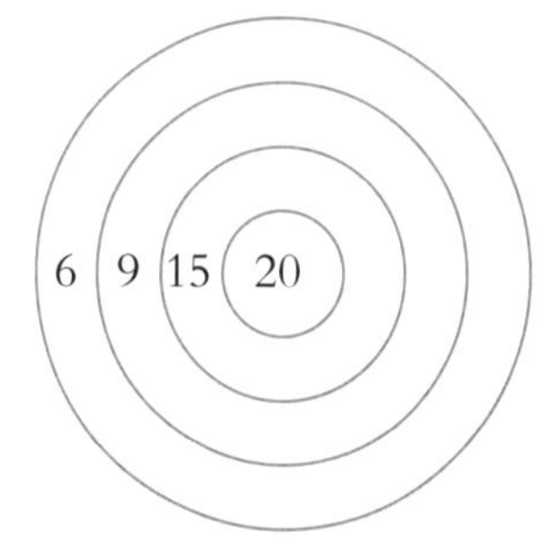

（2）共得 35 分

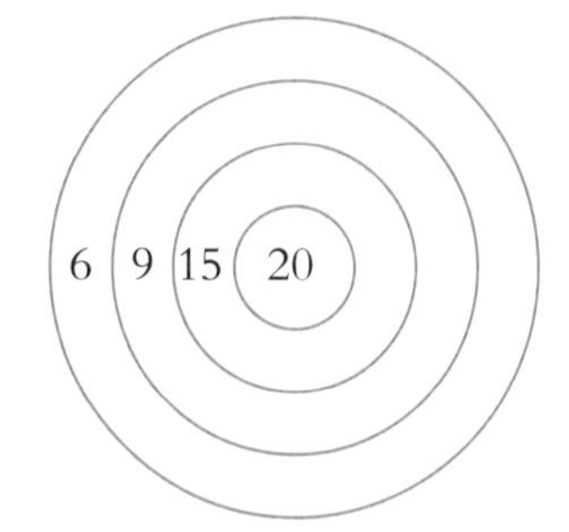

（3）共得 41 分

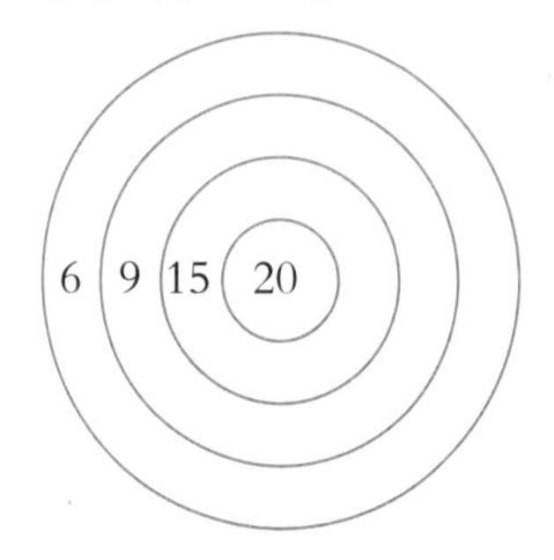

（4）共得 44 分

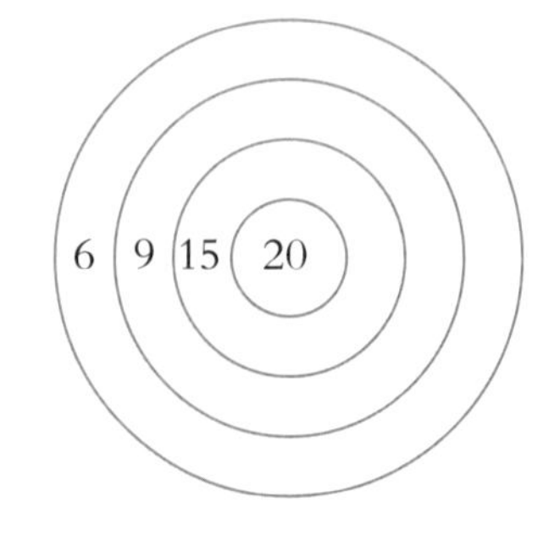

6 算出一颗红珠子的价格。

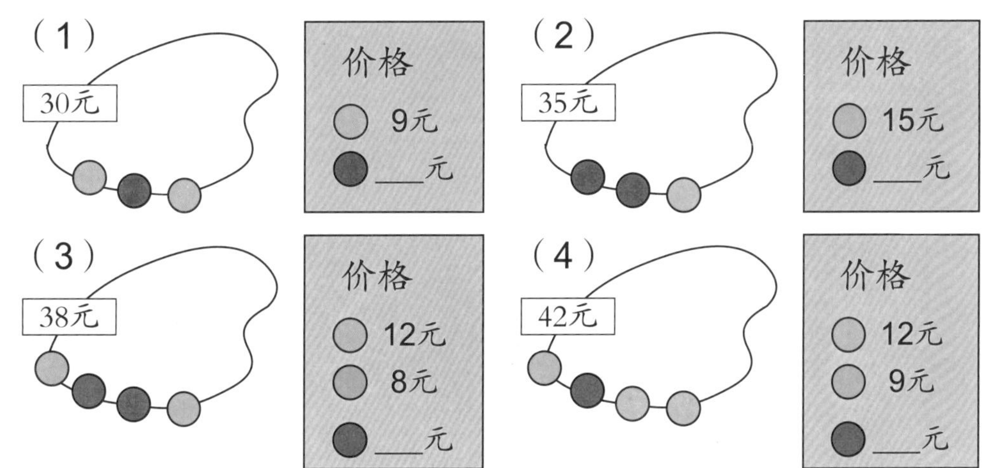

挑战台

算出价格，写在价目表上。

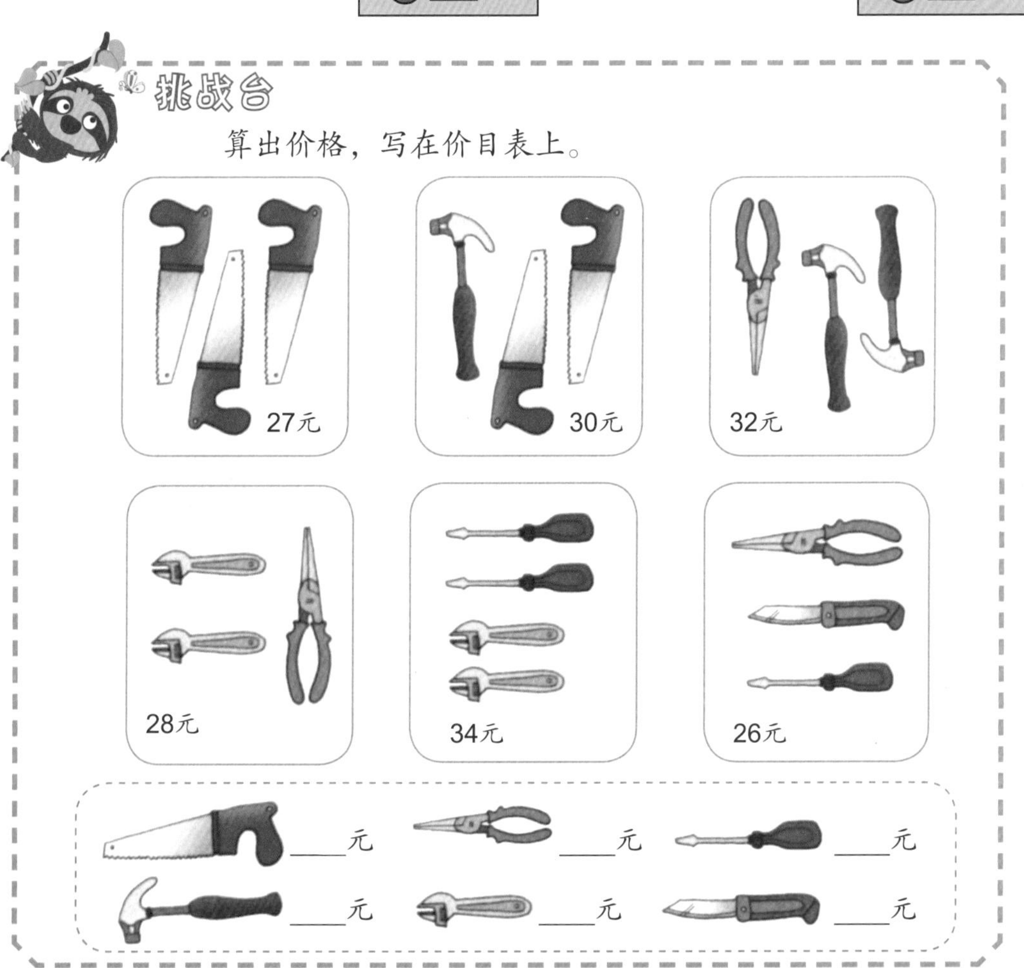

【41】

综合练习（六）

1 直接写出得数。

28+3=	35−9=	25+40=	3×8=
74−9=	57+6=	34+3=	27÷3=
4+46=	8×4=	36÷4=	48−15=
10×4+12=	4×6−8=	5×7−9=	7×2−6=

2 填空。

（1）76是由（　　）个十和（　　）个一组成的，它比最大的两位数小（　　）。

（2）与59相邻的两位数分别是（　　）和（　　）。

（3）在37，52，65，74，41这几个数中单数是（　　），双数是（　　）。

（4）4×9表示（　　）个（　　）相加，也可以表示（　　）个（　　）相加，4的9倍是（　　）。

（5）8翻倍是（　　），32翻倍是（　　）；
18折半是（　　），48折半是（　　）。

3 在○里填上“＞”“＜”或“＝”。

80○46＋34　　72－9○65　　48＋7○52

8元7角○7元8角　　5角＋9角○1.50元

4 在□里填数。

(1)

$2\times3=$□	$2\times4=$□	$3\times3=$□
$20\times3=$□	$20\times4=$□	$30\times3=$□

(2)

$10\times7=$□	$10\times3=$□	$20\times4=$□
$2\times7=$□	$8\times3=$□	$3\times4=$□
$12\times7=$□	$18\times3=$□	$23\times4=$□

5 “——→”表示大于，例示46——→38，请把52，47，60，35四个数填入□里。

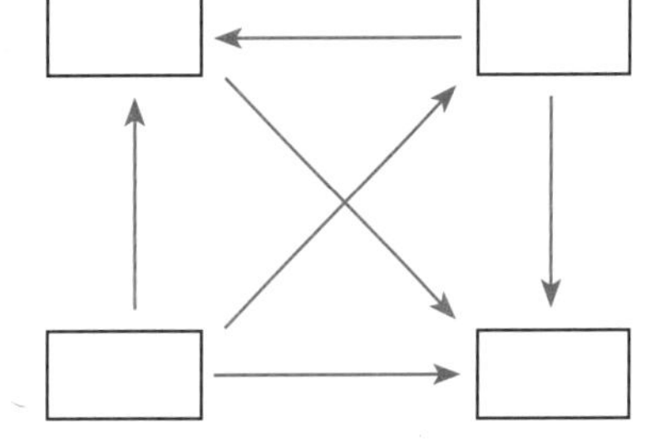

6 在□里填大于20，小于100的数，写出几种不同的填法。

□$+8=$□-8　　　　□$-15=$□$+15$

□$-9=$□$+9$　　　　□$+12=$□-12

7 图形表示数。

(1) 48−13=●+13

●=□

(2) ◆+18=☆−18

◆=□　☆=□

(3) ●+●+●=24

▲+▲−●=10

●=□　▲=□

(4) ♥+♠=30　♠+♣=25

♥+♠+♣=39

♥=□　♠=□　♣=□

8 在□里填合适的数。

(1)

(2)

挑战台

①

②

③

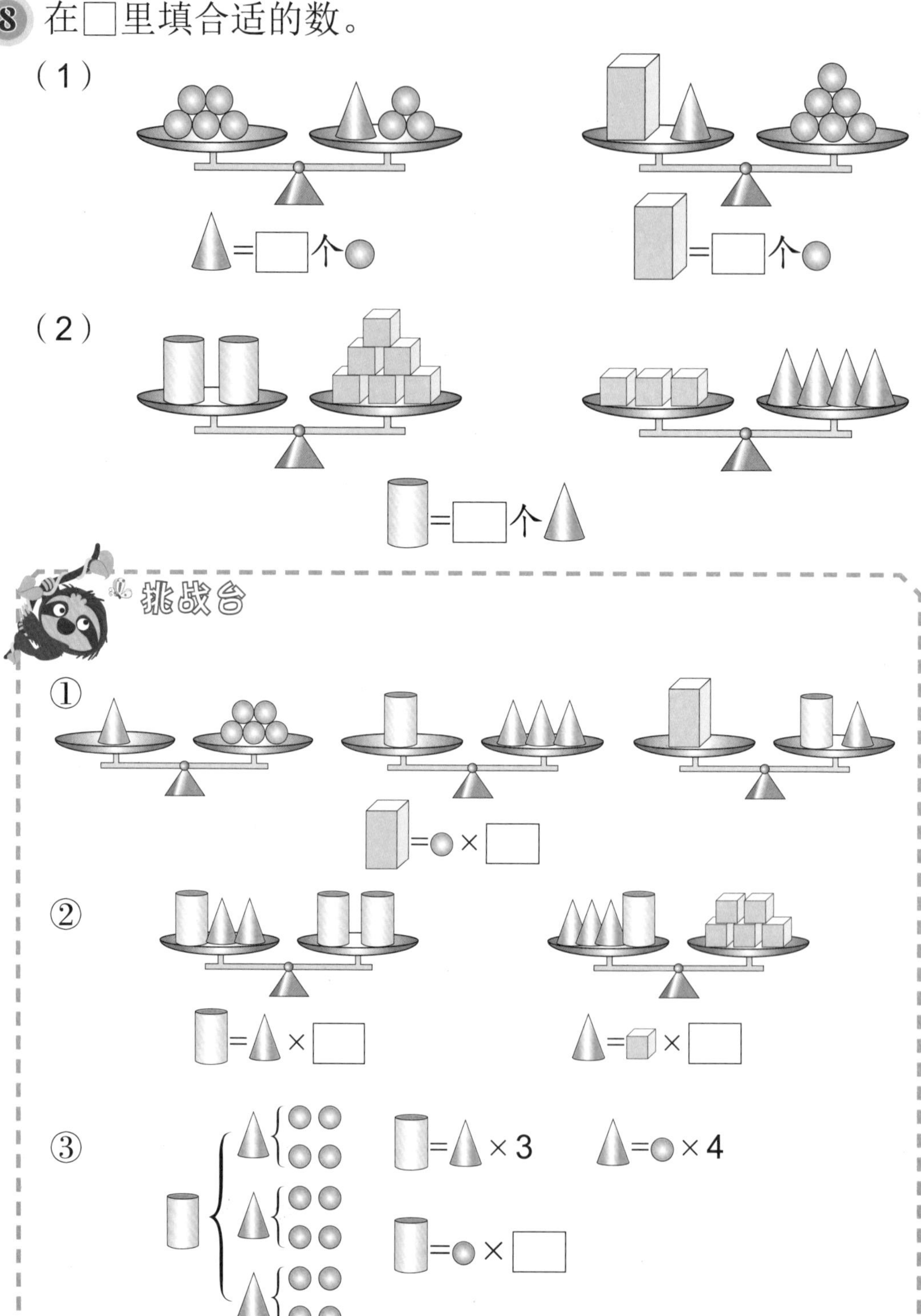

【42】

综合练习（七）

1 先用点表示下列各数的位置，再用线连一连，然后把这些数按从小到大的顺序排列起来。

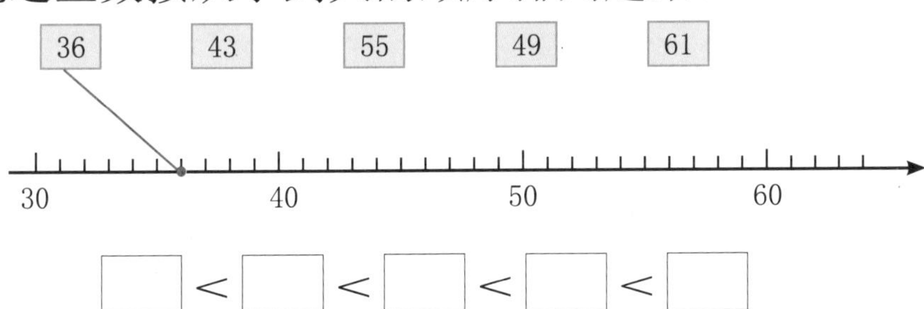

□ < □ < □ < □ < □

2

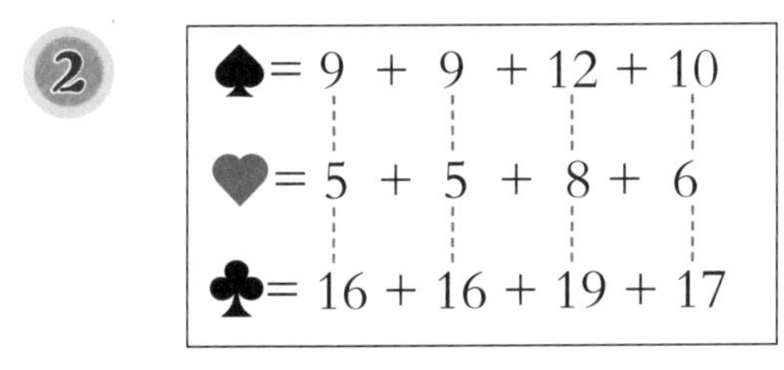

（1）♠比♥多□，列式：________

（2）♣比♠多□，列式：________

3 如果△表示 1 → 3，那么下面的图形分别怎样表示？

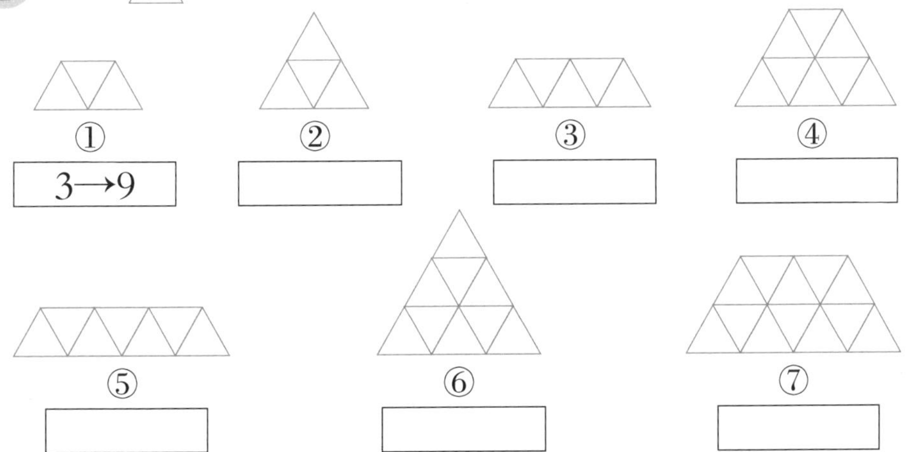

4 如果两个圆连在一起称为一对圆，图1就有3对圆（①与②，①与③，②与③），图2有这样的几对圆？

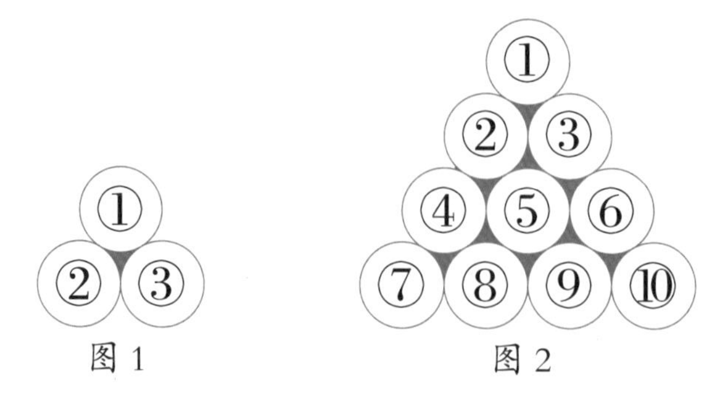

图 1　　　图 2

5 求图形表示的数。

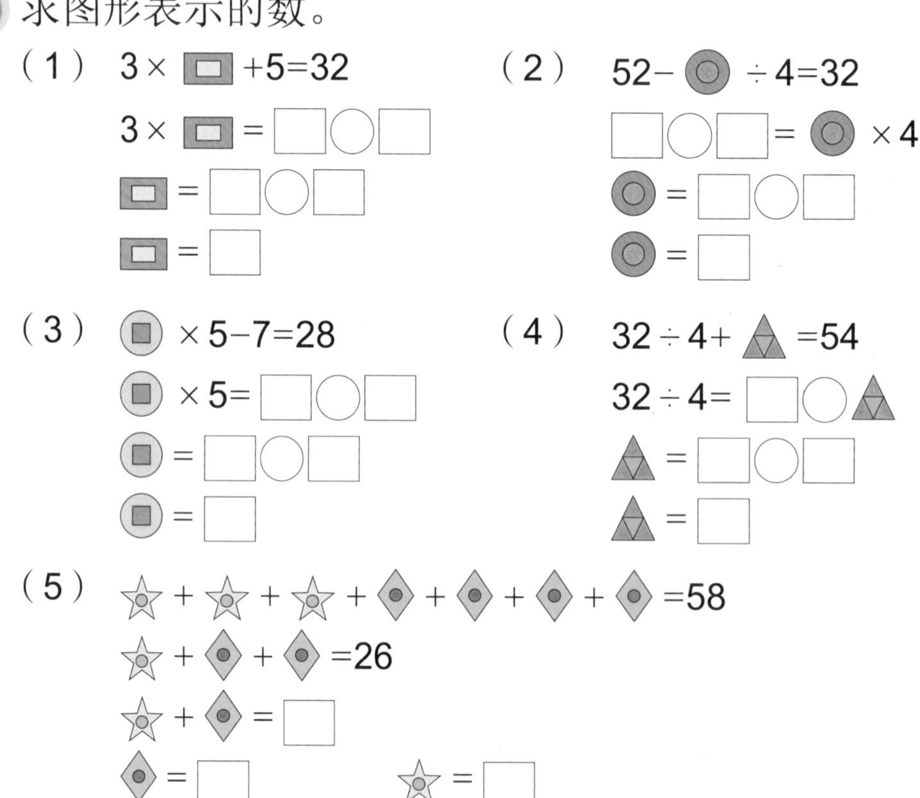

6 在□里填数。

4×□+5=29　　　39=5×7+□

□×9−8=37　　　28=3×□+4

7 在□里填数。

（1） 54−9=□　　76−□=67　　84−□=75

87−9=□　　43−□=34　　57−□=48

（2）

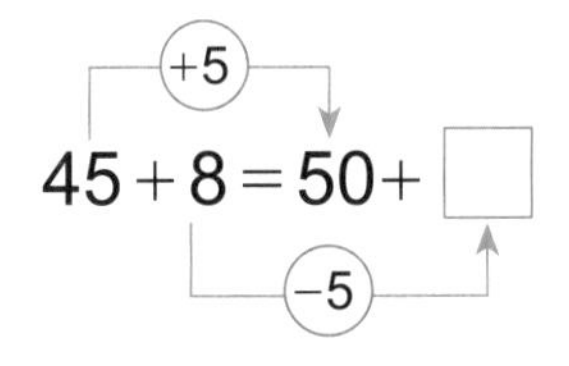

23+9=20+□ （−3，+3）

45+18=50+□
45+18=40+□

23+19=20+□
23+19=10+□

38+46=40+□
38+46=30+□

54+28=50+□
54+28=60+□

挑战台

在相同的图形上写出相同的编号。

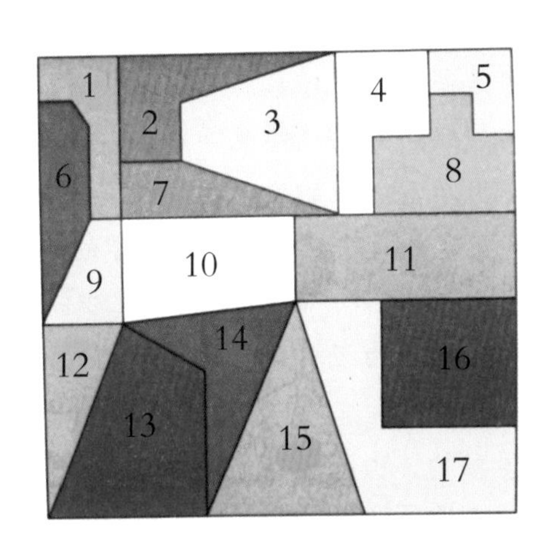

编写感悟

法国作家爱弥儿·左拉说：生个孩子，种棵树，写本书，那就是令人满足的生活。本人认为：生个孩子，背靠大树，写本书是我的愿望。

与不老青松同框，同心同德。

看同框三人（见本书封底照片）：

中间是我儿子陶最，他是我生命的延续，是我心灵的至爱。

左边的张老师，是我国小学数学教育界的学术泰斗，教学巨匠。他是教材改革的常青树，教法变革的不老松。

我认为：在地球上，树是最伟大的，张老师的数学人生如同大树一样，看准一个点，深深地扎根于一个穴，根深树壮，枝繁叶茂，蓬勃向上，充满生机，而我则背靠大树好乘凉。

看同心同德：

对我的儿子陶最的个案研究，张老师特别细心、认真和敏感，每周两课时（每课时为 30 分钟）的面对面交流，对新的概念、新的思路、新的题型，以及陶最在学习中产生的新的念头，他都及时记录，对陶最每次实验做题的得失和感悟零打碎敲地做记载。这一种实实在在的原创性的研究，不失真实和原味，是数学双边活动中真切的心灵碰撞。

我曾通读了张老师 60 余年来编撰的诸多小学数学教材和相关资料，这本《跟张天孝爷爷学数学》实际上是在收集了张老师所有经典之作的基础上，实践、归纳、提炼而成的实践写真。

创新的理念，善思的精神，多维的探究是新思维数学最鲜明的特点。《跟张天孝爷爷学数学》与众不同之处在于关注大脑神经的触动、学生学习兴趣的调动、数学思考及思维过程的多维促动。一句话：重视学习过程的发生、发现与发展。学习材料能促使学生在学习中产生乐趣，由乐趣培养兴趣以至养成爱好数学的志趣。

《跟张天孝爷爷学数学》并非编出来的学习材料，而是张老师在积淀了 60 余年数学经验的基础上，倾注了创新精神和工匠精神的经典之作，是我国乃至国际独树一帜的、自成体系的创新之作。

“培养学生的终极目标是让学生学会学习”。由张老师和本人编写的《跟张天孝爷爷学数学》是依据儿童教育学、色彩心理学、大脑神经学和数学符号学等理论合成的拓展性学习素材，愿教师、学生、家长及社会各界人士在阅读使用中提出宝贵意见和建议。最后祝愿每一位读者均有一个聪明的数学脑袋。

孙维佳